U0196175

优质草坪养成记

——上海园林绿化草坪养护指南

徐佩贤 石杨 /著

上海文化出版社
SHANGHAI CULTURE PUBLISHING HOUSE

致 谢

在本书的编写过程中, 我们得到以下专家、同行、同事等悉心的指导和帮助, 谨此表示衷心感谢!

顾问: 奉树成　严　巍
指导专家: 王兆龙

为本书提供资料和图片人员 (以姓氏笔画为序):
王本耀　王昊彬　王　恺　朱春刚　李向茂　陆　翔
迟娇娇　张彦婷　季德成　钟军珺　唐　瓴　梁　晶

前　言

提到草，很容易就让我们想到其坚韧、顽强的特性。白居易在《赋得古原草送别》中写的"野火烧不尽，春风吹又生"，曹操在《观沧海》中描述的"树木丛生，百草丰茂"，都在赞美小草顽强的生命力。小草没有花卉的妩媚多姿，没有树木的高大挺拔，它只是用它极其普通平凡的外在，默默地装饰着四季，打扮着周围的环境。

在众多植物当中，草坪草是唯一可以让人踩在上面活动的植物，想必绝大多数人都有过在草坪上散步、平躺、玩耍、运动的经历，身体与蓬松的草坪密切接触，放眼皆绿，让人身心放松，消除疲劳。尤其在城市，每到阳光明媚的休息日，各大公园绿地的草坪上往往热闹非凡，野餐垫、帐篷、天幕比比皆是，亲朋好友、一家老小与大自然亲密接触，度过愉快的休闲时光。还有一些有庭院或是有小花园的朋友，一般都会在院子里铺设草坪，让庭院看起来更加绿意盎然、漂亮养眼。总而言之，草坪的功用非常丰富，不仅可以美化环境、净化空气、调节小气候、降低噪音、保持水土，还能减缓太阳辐射、保护视力、降低心理压力和消除疲劳等等。

草坪是园林绿化中非常重要的植物元素，可与构成整体景观的其他元素如树木、花卉、水体、建筑、园路等更好地融合在一起，打造优美精致的园林景观。一片高质量、长势良好的草坪不仅能成为公园绿地的"颜值担当"，而且为游人提供了绝佳的休闲娱乐场所。相信大家都不喜欢在杂草丛生、凸凹不平、稀疏裸露的草坪上休憩。而在现实中，经过十多年的连续观察，我们发现上海很多园林绿化草坪景观质量欠佳，原因是多方面的，其中最主要就是由于草坪品种选择错误以及不当的养护措施所造成。据不完全统计，矮生百慕大（*Cynodon dactylon* × *C. transvadlensis* 'Tifdwarf'）面积约占上海市总草坪面积的 90% 以上，一般的园林绿化养护投入很难满足矮生百慕大频繁修剪的养护要求，因此，草坪长势越来越差。由于不了解草坪草种（品种）的特性，树荫下常见枯黄稀疏的草坪，严重影响了园林绿化景观品质。为此，我们想撰写一本书，从源头上厘清上海草坪的养护误区，提升草坪的景观质量。

本书从 2018 年开始策划，其间我们收集了很多相关资料，也实地做了调研，这些成果都收录在书中。针对草种选择，本书介绍了适合上海应用的几个草坪草种（品种）及其特性，草坪建设者可以根据草坪的场地现状条件、场地功能、养护费用等条件，选择适合建设要求的草坪草种（品种）。如果草坪草品种和相应的养护管理匹配了，离高质量的草坪景观目标就不远了。针对草坪养护技术存在的问题，本书总结了实践中的常见养护误区，希望能给草坪养护人员提供参考。上海气候比较特殊，若想达到一年四季草坪常绿，只有交播这条途径；交播技术的好坏，直接影响到草坪的持久性，因此，在书中专门对草坪交播关键技术做了阐述。

希望本书对政府决策者、园林绿化从业者、园艺爱好者可以起到一定的参考作用，对国内草坪的养护和管理有所借鉴和帮助，共同促进城市绿化的健康和可持续发展。

本书是多年草坪养护管理研究成果的结晶，感谢上海市绿化管理指导站同事的支持和参与；特别感谢上海交通大学农业与生物学院王兆龙教授的共同研究、实践与支持；感谢上海美侬草坪工程有限公司提供了部分图片素材；感谢上海文化出版社编辑的悉心校稿和提出的宝贵建议。

作者知识水平有限，本书内容难免疏漏和失误，敬请读者批评指正。

作者

2022 年 10 月

目　录

第一章 综述

草坪不仅可供观赏游憩，还具有净化空气、保持水土、调节小气候等多方面的生态服务功能，在维护生态平衡和美化生活环境等方面都有不可替代的作用。随着城市化进程的加快和园林建设的发展，草坪在园林上的应用越来越广泛。草坪可与地形、建筑、水体、道路、园林小品以及其他植物搭配，形成优美的园林绿化景观。草坪是园林绿化中十分重要甚至是不可缺少的一个元素，是衡量现代化城市绿地水平、生态质量的标准之一。

而在现实生活中，我们经常发现，身边的园林绿化草坪不够平整美丽，存在诸如外观明显不均匀、颜色枯黄、覆盖度低、杂草较多、病虫害严重等各种各样的问题，甚至新铺的草坪仅仅两三年后就退化严重，只能重新铺设。这主要是因为，我们对不同草坪草种（品种）特性的认识、对草种的选择以及建植后的养护管理方面存在着许多误区。

不同的草种，其颜色、质地、密度、覆盖性、绿色期、生长速度等各不相同，它们对土壤理化性质、光照、水分、温度等环境的适应性也各不相同。选择草种时，应充分考虑草坪使用需求、草种特性以及养护投入等实际因素，而不是随意选择。如，在人群踩踏较多的场地适合种植比较耐践踏的草，盐碱地应选择耐盐性较强的草，光照严重不足的地方不适合种植草坪，可以改种其他耐荫地被。倘若草种选择错误或种植不当，极易导致草坪快速退化，生长不良，这时往往只能通过重新铺草皮的方式来解决，周而复始，浪费了很多人力和物力，但并不能从根本上解决问题。

为了保证草坪的坪用状态和持续利用，日常的养护管理是必不可少的。草坪养护管理看似简单，实则不容易，技术含量较高。是不是只要实施了修剪、浇水、施肥、病虫害防治等措施，就能把草坪养护好？这不是一句话就可以解答的。

不同的草种对水分、养分、修剪等有不同程度的需求，需要实行不同的养护策略，不能一概而论。园林绿化上草坪过度修剪现象比较常见，不管草坪高度如何，一律一次性修剪到目标高度，从不考虑修剪原则，这就导致草坪地上营养部分失去过多，抗逆性降低，极易受到病菌的侵染。还有诸如盲目施肥的问题，施肥前没有充分考虑草坪草种、施肥量、施肥时间、土壤养分状况等，不当的施肥方式很容易造成草坪灼伤、地上部分生长旺盛或其他问题。如此种种，草坪无法展现理想状态，生态景观效果大打折扣，影响居所环境乃至城市形象。

总而言之，只有充分理解草坪草种（品种）的主要特性，并针对其要求来进行养护管理，才能充分体现出该草坪应有的质量，充分发挥草坪的生态功能和景观功能。那么，怎样才能少走弯路、不做无用功，成功打造出赏心悦目的优质草坪呢？围绕这个问题，下文尝试通过多方面的理论研究，结合实践经验，来进行分析、探索和解答。

北京世园会

一、草坪的定义

从定义来看，草坪是指草本植物经人工建植或天然草地经人工改造后形成的具有美化与观赏效果，并能供人休闲、游乐和适度体育运动的坪状草地；它包括草坪植物群落及支撑群落的表土所成的统一整体（蒋倩和孙吉雄，2009）*。

草坪 (turf)：是人工植被，需要定期修剪。

草地 (grassland)：是指生长草本和灌木植物为主并适宜发展畜牧业生产的土地，一般不进行修剪。

在本书中，主要围绕应用于园林绿化领域的草坪作为主题展开讲解，既适用于公共区域的绿化草坪，也可供家庭庭院草坪建植和养护参考。

＊ 书中引述均在各章末列出处，详见"本章参考文献"。下同。

草坪可供人们休闲、憩息、游乐

二、园林绿化草坪分类

按草坪组成分类

1. 单一草坪。一般是指由一种草种中某一品种构成的草坪,具有高度的一致性和均一性, 是建植高级草坪和特种用途草坪的一种特有方式。

单一暖季型草坪

2. 混合草坪。指由同一草种中的几个品种构成的草坪，具有较高一致性和均一性，比单一草坪具有较高的适应性和抗性。

不同品种草地早熟禾混合播种细部图

不同品种草地早熟禾混合播种草坪

上海地区5月底百慕大改播多年生黑麦草的草坪

3. 混播草坪。是指以两种以上草坪草混合播种构成的草坪,其草种可根据人们的需要进行合理搭配。为了克服暖季型草坪冬季枯黄的缺点,上海地区一般用多年生黑麦草与百慕大草坪混播,达到一年四季常绿的目的。

4. 缀花草坪。通常在以禾本科植物为主体的草坪上,配置一些开花地被,配置数量一般不超过草坪总面积的三分之一。

缀花草坪

缀花草坪

按草坪的用途分类

1. 观赏型草坪。指以绿化美化环境和观赏为目标，不耐践踏的草坪。

2. 开放型草坪。指供人们休息、散步、游戏、文娱等活动之用且较耐践踏的草坪。

3. 运动型草坪。指专供开展体育运动的草坪，如足球场草坪、高尔夫球场草坪、网球场草坪等，要求草坪较耐践踏、耐修剪，恢复能力强。

4. 生态护坡草坪。指在坡地、堤坝、水岸、公路或铁路两边

观赏型草坪（上海人民广场）

开放型草坪（滨江森林公园）

观赏型草坪（徐家汇商业中心）

高尔夫草坪（苏州太湖国际高尔夫）

草地网球场（南京体院）

足球场草坪（南京奥体中心）

生态护坡草坪

等位置建植的生态草坪，主要起固土护坡、防止水土流失等生态作用。此类型对草坪的景观质量要求较低。生态护坡草坪根系发达，最好能够有较长的匍匐茎或根状茎，来固定坡面的土壤，减少水土流失的风险。

三、草坪的功能

调节小气候

降温增湿。草坪能更有效地吸收太阳辐射，降低地面辐射强度，同时，草坪通过蒸腾散热作用也可增加空气湿度。有研究表明，与裸地相比，夏季草坪距地面 20cm 处的降温范围为 2.0℃—3.9℃，增湿幅度达 10%—25%（钱红林，2014）。据测定，1hm^2 草坪每天约蒸发水分 6300kg，增加空气中的相对湿度达 5%—9%（贾建平，2016）。卜政花等（2010）在测试距地面 1.5m 处温度和湿度时发现，与无遮荫广场相比，无遮荫草坪降温幅度为 0.9°C—1.8°C, 增湿幅度为 0.8%—9.5%。

降低噪音。郁东宁等 (1998) 研究表明, 距噪声源 2m 的草坪 (声源高度 0.4m, 声源距测点 20m) 减噪效果为 2dB。日本有研究指出, 30cm 高、10m 长的草坪对噪声的衰减量约为 0.7dB (卢贤昭译, 1988)。刘镇宇等 (1992) 研究表明, 南北宽 30m、东西长 70m 的野牛草 (*Buchloe dactyloides*) 草坪, 声源距草坪西边缘 6m, 噪声越过草坪 14m 和 34m 时, 减噪效果分别为 3dB 和 1.5dB, 且绿化带内乔、灌、草紧密的结合配置可使噪声的衰减达到最大程度。

净化空气

固碳释氧。据测算, $1hm^2$ 的草坪每昼夜能释放氧气 600kg, 同时又能吸收二氧化碳, 每平方米草坪 1h 可吸收二氧化碳 1.5g。如果有 $25m^2$ 的草坪就可吸收一个人一天呼出的二氧化碳, 同时生产出供给一个人一天所需的氧气 (张倩, 2010)。

滞尘。草坪可以快速地在地表形成致密的保护层, 减少裸露地表面积, 防止灰尘再起, 直接减少了空气粉尘的来源。草坪茎叶密集, 叶片上有很多绒毛, 能够吸附空气中的粉尘。雷少飞 (2013) 在研究 10 种草本植物的滞尘能力中发现, 假俭草的滞尘能力最强, 为 $1.1402g/m^2$; 马尼拉草 (*Zoysia matrella*) 滞尘能力中等, 为 $0.5468g/m^2$。

增加负氧离子。阳光照射到植物枝叶上会发生光电效应, 促使空气电离, 产生大量的空气负离子。李慧 (2008) 测量秋季贵州省紫林山森林公园内草地的空气负氧离子浓度为 1143 个 $/m^3$, 混交林为 1643 个 $/m^3$, 竹林为 1318 个 $/m^3$, 马尾松林为 1112 个 $/m^3$。

杀菌。植物可通过滞尘作用减少或通过茎、叶分泌物杀死细菌和病毒。草坪也具有一定的杀菌能力。据测定, 同等面积下, 城市公共场所的细菌含量是草坪及地被植物的 3 倍 (陈洁, 2005), 水泥混凝体地面上空含菌量是空旷草坪上空含菌量的 2 倍 (褚泓阳等, 1995)。

吸收污染物。全球工业化导致环境污染问题逐渐严重。陈璟 (2009) 研究微型草坪对室内环境的改善作用时发现, 微型草坪可以有效地吸收室内空气中的甲醛, 24h 后室内甲醛浓度由初始的 $0.75mg/m^3$ 下降到 $0.17mg/m^3$。草坪可以迅速地在地表形成致密的覆盖物, 根系可固定或吸收污染物, 防止污染物通过水或风的侵蚀迁移到别处。徐佩贤等 (2014) 研究发现, 高羊茅、多年生黑麦草、草地早熟禾和匍匐剪股颖在 100mg/kg 镉 (Cd) 处理下, 地上部和根系对 Cd 的积累能力大于报道的几种对 Cd 有超富集和积累能力的植物。王秀梅等 (2017) 在考察草坪植物对雨水氨氮的去除效果中发现, 地毯草 (*Axonopus compressus*)、早熟禾、高羊茅、黑麦草均有较高的氨氮去除率。

美化环境

美化城市。草坪是植物造景的基底, 它不仅可以独立成景, 还可与植物、水体、建筑、山石、道路等结合, 构成色彩秀丽、变化无穷的园林景观, 体现着自然美与艺术美的结合。绿茵茵的草坪能放松人的心情, 缓解城市建筑和公共设施等硬质景观给人带来的压抑、枯燥的感觉。

创造空间。草坪可以给游人提供一个足够大的空间和一定的视距以欣赏景物。草坪可以通过地形的起伏或与乔灌木搭配, 创造雄伟开阔的或封闭式的园林空间。草坪的色彩随季节而变换, 一年四季展现不同的园林景观时空的变化。草坪空间不仅形态丰富, 而且灵活多变, 具有很高的景观价值和使用功能。

开阔的草坪空间

密闭的园林空间（北京世园会园区）

保持水土

固土护坡。草坪可以快速地在地表生长，形成一层保护膜，表层根系产生的根网效应能够束缚土壤颗粒，增强土壤的聚合力和根际土层的总体强度，可有效地防止表层土壤的侵蚀。王芳等（2006）测试了香根草（*Veliveria zizanioides*）在水库边坡和废弃采石场边坡的水土保持功效，种植香根草后第一年不同边坡的土壤流失量分别减少了72.05%和68.09%。

减缓地表径流。草坪能截留降落的雨水，削弱暴雨落下的动力，减缓地表径流的流速。魏小燕等（2017）通过人工模拟降雨试验，研究了60%覆盖度高羊茅草坪绿地在不同坡度、不同雨强条件下的水沙调控作用，结果表明高羊茅草坪绿地能有效延缓初始产流时间，有效削减流量和土壤侵蚀量。

草坪固土护坡（世博源）

市民在草坪上活动

动物在草坪上休憩（新西兰但尼丁植物园）

提供活动场所

平坦、柔密的草坪不仅为各种生物如鸟类、昆虫、土壤微生物等提供了栖息繁衍地，而且为人类的体育活动和休闲娱乐提供了舒适的场所。与裸地运动场相比，在草坪上运动，可防止和减少运动员受伤，有助于振奋运动员的精神，充分发挥竞技水平。目前，在草坪上开展的运动有高尔夫球、足球、橄榄球、网球、棒球、垒球、草地保龄球、马球、板球等。草坪还可供人们散步、休息、野餐、娱乐等，有利于人们身心的休闲与放松。

共青森林公园

四、草坪应用的挑战与策略

本土气候、土壤与草种特性的协调

以上海为例。上海地处亚热带北沿，四季分明。夏季酷暑，最高气温达 35℃ 以上的天数约有 25 - 30 天，而且昼夜温差小、高温高湿，非常不利于冷季型草坪的安全越夏。冬季寒冷，经常有寒流来袭，气温也会经常性地达到 -5℃ 以下，暖季型草坪需要依靠其休眠特性才能度过寒冷的冬季，等待春天来临后返青。因此，上海的气候条件给草坪草种的选择带来了两难：一方面，冷季型草坪越夏困难，在夏季会出现严重的质量下降，再加上褐斑病、夏季斑病、腐霉病等病害高发，杂草入侵严重，草坪退化严重。另一方面，暖季型草坪在冬季约有 100 多天的休眠期，草坪休眠，地上部分茎叶枯黄，需要依靠休眠茎来度过冬季，冬季枯黄期间草坪景观较差，除了保留固土功能外，大部分生态功能都已丧失。

上海是特大型城市，建筑密集，高层建筑较多。草坪通常与乔木、灌木搭配造景，难免会受到城市建筑和高大乔木的遮荫

遮荫环境下草坪长势不良

影响，而大多数草坪对光照条件的要求较高，在严重遮荫条件下会出现生长不良现象，全年无直射光照的遮荫条件下，草坪难以生存，目前最耐荫的草坪品种至少也需要有 30% 以上的直射光照条件。

另外，上海地处东海之滨，是海洋冲积形成的陆地，新成陆地的沿海土壤盐碱含量较高，也会影响到草坪的正常生长和草坪质量。

草坪功能与草种特性的协调

不同类型的草坪需要承担不同的功能，如：运动场草坪需要承受高强度的运动践踏，对草坪的耐践踏能力、场地的平整度、球在草坪上的滚动速度、草坪对球的反弹、草坪的抗拉扯能力等的要求较高；景观草坪对草坪的色泽、质地、均一性、草纹、绿期等景观指标的要求较高；生态护坡草坪对草坪固土护坡和水土保持能力有特殊的要求。

不同的草坪草种（品种）具有其独自的生物学特性。如：矮生百慕大（*Cynodon dactylon* × *C. transvadlensis* 'Tifdwarf'），其质地

矮生百慕大较厚的枯草层

细腻、色泽深绿、具有较好的耐践踏性，能够形成低矮平整的草坪层，适合于频繁而低修剪（1cm以下）的高质量运动草坪，但其容易产生地上直立茎，无法形成明显漂亮的修剪草纹，不适合于对草纹景观有特殊要求的运动草坪；另外，矮生百慕大的绿叶层较薄，枯草层积累快，当草层超过5cm时，枯草层可占整个草坪层的70%以上，严重影响草坪的景观效果和使用质量，因此不适合用于修剪留茬高度高、修剪频率低的一般园林绿化草坪。

草坪养护条件与草种特性的协调

不同的绿化养护等级有着相对固定的养护经费预算定额，这也基本决定了其正常养护能够投入的人力、物资和机械配备情况。一般园林绿化草坪的养护经费只能承担每年5－10次的草坪修剪，2－3次的病、虫、草害防治，配备的机械也只能是几台手扶式的旋刀剪草机，一般也不会配备全自动的喷灌设备；而一般体育运动场，如足球场草坪基本上能够满足每周修剪1－2次，根据草坪生长与恢复所需的施肥（专用的缓释颗粒肥），常规性的病、虫、草害防治，配套全自动的地埋式喷灌系统，配套驾乘式的滚刀剪草机、疏草机、打孔机、铺沙机、打药车、滚压机等机械设备。

不同草坪草种（品种）在不同养护管理条件下所表现出来的草坪质量完全不同，如：矮生百慕大，在草坪修剪高度1cm左右，修剪频率为每周2－3次时，能够表现出其质地细腻、低矮平整、致密的绿色草坪层；但是在草坪修剪高度5cm左右，每个月只能修剪1次时，则会表现出草坪稀疏、枯草层过多积累、草坪绿叶数极少、地上部分草坪主要由直立茎组成、绿化效果差等严重缺陷。

本章参考文献

蒋倩, 孙吉雄. 草坪景观在园林中的功能及设计应用 [J]. 农业科技通讯, 2009,71-73.

钱红林. 城市草坪对空气温度和湿度的影响 [J]. 新疆农垦科技, 2014, 06:20-21.

贾建平. 各种园林植物在草坪中的选择和配植 [J]. 园林园艺, 2006,33(14):163.

卜政花, 周春玲, 颜凤娟. 广场和草坪夏季微气候及人体舒适度研究 [J]. 北方园艺, 2010,24:123-127.

郁东宁, 王秀梅, 马晓程. 银川市区绿化噪声效果的初步观察 [J]. 宁夏农学院学报, 1998, 19(1):75-78.

日本公害防止技术和法规编委会. 公害防止技术——噪声篇 [M]. 卢贤昭, 译. 北京: 化学工业出版社, 1988.

刘镇宇, 程明昆, 孙翠玲. 城市道路绿化减噪效应的研究 [J]. 北京园林, 1982,00:29-35.

张倩. 浅谈城市草坪的功能 [J]. 吉林农业, 2010,07:170.

雷少飞. 福州市绿地生态效益研究 [D]. 福建农林大学, 2013.

李慧. 贵州省部分森林公园空气负氧离子资源初步研究 [D]. 贵州大学, 2008.

陈洁. 草坪及地被植物在城市绿化中的功能和应用 [J]. 河北林果研究, 2005,20(3):297-299.

褚泓阳, 弓弨, 彭泓, 刘英年. 草坪的生态景观研究 [J]. 陕西林业科技, 1995(2):41-44.

陈璟.微型草坪对室内环境生态调节功能的研究 [J].安徽农业科学,2009,37(5):1982-1983.

徐佩贤，费凌，陈旭兵，王兆龙.四种冷季型草坪植物对镉的耐受性与积累特性的研究 [J].草业学报，2014, 23(6):176-188.

王秀梅，郑晓梅，宝音陶格涛.4 种草坪草在不同土壤介质中去除雨水氨氮的效果 [J].草原与草坪，2017,37(5):92-96.

王芳，蒋志荣，李小军.香根草在深圳市水土保持中的应用研究 [J].水土保持研究，2006,13(1): 142-143.

魏小燕，毕华兴，李敏，霍云梅，杨晓琪，肖聪颖，张书函.城市高羊茅草坪绿地水沙调控效应 [J].水土保持学报，2017,31 (3)：46-50.

第二章 草坪草种(品种)的特性

　　我们在调查研究中发现,目前我国不少地区的园林绿化草坪质量较低,许多城镇绿化草坪在建植后三年内就出现严重退化,甚至沦为荒草地,草坪不得不再次重新建植,不仅造成了大量的浪费,而且草坪也未能发挥出其应有的功能。其根本原因在于,我国园林绿化对草坪草种(品种)的特性及其适宜的应用范围存在重大误解,没有根据其立地条件、日后的养护水平和草坪应承担的功能等条件来建植与之相适应的草坪。

　　在此,我们将就目前上海常见草坪草种及其主要品种的特性及其应用范围作介绍,为园林绿化中草坪草种(品种)的正确选择提供依据。

一、草坪草的定义与特点

草坪草(turfgrass)是指能够形成草皮或草坪，并能耐受定期修剪和人、物使用的一些草本植物品种或种。大多为具有扩散生长特性的根茎型或匍匐型禾本科植物，也包括部分符合草坪性状的他科植物(赵美琦等，2009)。

草坪草大部分是禾本科的草本植物，禾本科植物是地球上分布最广泛的植物类型，但其中只有几十种具有耐修剪、抗践踏和具有形成连续地面覆盖群落的特性，可以用作草坪草。非禾本科植物中，凡是具有发达的匍匐茎，低矮细密，耐践踏、盖度好、耐低修剪和粗放管理，易形成低矮草皮的植物都可以作为草坪草使用，如莎草科、豆科、旋花科等非禾本科草类(孙吉雄，2003)。

二、园林绿化草坪草的分类

按植物学系统分类

分为禾本科草坪草和非禾本科草坪草。禾本科草坪草占草坪植物种类的90%以上，主要分属于禾本科的三个亚科：早熟禾亚科、画眉草亚科和黍亚科。非禾本科草坪草，如莎草科、豆科的一些植物容易形成低矮的草皮，都可以用来铺设草坪。

按气候与地域分布分类

按照草坪植物对于气候的适应性，可以将其分为冷季型草坪草和暖季型草坪草(梁照，2017)。

冷季型草坪草的生长，主要受到高温、干旱胁迫及其持续时间的制约(王海亭，2000)，其分布主要受制于气候和水分。冷季型草坪草最适生长温度为15℃—25℃，在我国主要分布于华东、

冷季型草坪草春季生长旺盛

冷季型草抗热性差，夏季生长不良

华中、华北、东北、西北等长江以北的广大地区以及长江以南的部分高海拔、低气温地区（韩烈保，1996）。其耐寒性强，绿期长，春秋两季生长快，夏季生长缓慢，并出现短期的半休眠现象。既可用播种繁殖，也可以用营养体繁殖。抗热性差，夏季病虫害多，要求精细管理，使用年限较短。常用的冷季型草坪草有草地早熟禾（*Poa pratensis*）、黑麦草（*Lolium perenne*）、高羊茅（*Festuca arundinacea*）、匍匐剪股颖（*Agrostis palustris*）等种类。

在上海地区，冷季型草坪草春季和秋季生长旺盛，耐寒性较强，冬季表现为绿色或叶尖稍发黄。耐热性差，在夏季常表现出死亡、休眠或半休眠状态。

暖季型草坪草主要分布在我国长江流域以南的广大地区,耐热性好,一年仅有夏季一个生长高峰期,春秋季生长缓慢,冬季休眠。生长的最适温度是 26℃ — 32℃。抗旱、抗病虫能力强,管理相对粗放,绿期短。目前常用的暖季型草坪草种有十几个,分别属于狗牙根属、结缕草属、假俭草属、雀稗属、地毯草属、野牛草属、钝叶草属、画眉草属、狼尾草属 9 个属(刘建秀,1998)。

　　不同暖季型草坪草的耐寒性不同,分布的地区也不同。结缕草属和野牛草属是暖季型草坪草中较为耐寒的种,因此,它们中的某些品种能向北延伸到寒冷的辽东半岛和山东半岛。细叶结缕草 (*Zoysia pacifica*)、侧钝叶草 (*Stenotaphrum secundatum*)、假俭草 (*Eremochloa ophiuroides*) 对温度要求高,抗寒性差,主要分布于我国的南方地区(彭燕等,2004)。暖季型草坪草仅少数种可获得种子,主要进行营养繁殖。

　　在上海地区,暖季型草坪草一般 3 月开始逐步返青,11 月开始逐渐枯黄,常见的暖季型草坪草有百慕大、结缕草、假俭草、海滨雀稗 (*Paspalum vaginatum*) 等。

暖季型草坪草冬季休眠

按叶片宽度分类

根据草坪草叶片宽度分类，可将草坪草分为宽叶型草坪草和细叶型草坪草。

宽叶型草坪草叶宽茎粗，叶宽 4mm 以上，如结缕草、假俭草、高羊茅等。

细叶型草坪草茎叶纤细，叶宽 4mm 以下，可形成平坦、均一致密的草坪，如匍匐剪股颖、草地早熟禾、细叶结缕草等。

按分蘖类型分类

按照分蘖可分为根茎型、丛生型、根茎-丛生型、匍匐茎型。

根茎型草坪草具有根状茎，从根状茎上长出分枝，这类草主要有狗牙根（*Cynodon dactylon*）、无芒雀麦（*Bromus inermis*）等。

丛生型草坪草主要通过分蘖进行分枝，代表草种有多年生黑麦草、高羊茅等。

根茎-丛生型草由根状茎把许多丛生型株丛紧密地联系在一起，形成稠密的网状，如草地早熟禾（鲁存海和白小明，2011）。

匍匐茎型草坪草的茎匍匐地面，不断向前延伸，常见的匍匐茎型草有假俭草、匍匐剪股颖等。

三、常用草坪草种(品种)及其特性

20 世纪 80 年代以前，上海地区广泛应用中华结缕草（老虎皮草）（*Zoysia sinica*）、细叶结缕草（又称天鹅绒草）和假俭草品种。到了 80 年代末，引进并广泛应用马尼拉结缕草（沟叶结缕草）（*Zoysia matella*）。现在除马尼拉结缕草外，上海绿地很少能见到这些品种的草坪。目前，上海应用最广泛的主要是狗牙根属的杂交狗牙根（*Cynodon dactylon* × *C. transvadlensis*），同时少量保留的有结缕草属的马尼拉结缕草和日本结缕草（*Zoysia japonica*），现在又引进了雀稗属的海滨雀稗（杨光，2017）。另外，还有一些冷季型草坪草，如高羊茅和匍匐剪股颖等，也有少量的应用。

草坪草种类繁多，特性各异，因此草坪草种（品种）选择正确与否，直接关系到将来草坪的持久性、景观品质、抗病虫害能力。

百慕大（杂交百慕大）

百慕大，也叫狗牙根，禾本科狗牙根属植物。作为草坪应用最广泛的是杂交百慕大，是普通百慕大（四倍体）与非洲百慕大（*Cynodon transvadlensis*）（二倍体）的三倍体杂交种；能抽穗开花，但不能结籽，主要以种茎进行营养繁殖，是目前国内应用面积最广的暖季型草坪草种（沈宇，2020）。现在国内应用的主要杂交百慕大品种有：Tifton 328、Tifdwarf、Tifway 419、TifSport、TifEagle、TifGrand 等。杂交百慕大的品种主要育种单位为位于美国乔治亚州蒂夫顿（Tifton）的美国农业部滨海试验站。

百慕大草坪

百慕大遮荫下长势不良

百慕大容易产生直立茎

1. 杂交百慕大草坪的主要优点

(1) 草坪质量高;

(2) 草坪质地细腻、草坪密度高;

(3) 匍匐生长速度快、矮生、适应低修剪;

(4) 草坪色泽深绿;

(5) 耐践踏、耐干旱、耐中度盐碱胁迫;

(6) 草坪病害相对较少, 主要病害为春季死斑病、叶枯病;

(7) 能够通过交播多年生黑麦草来实现草坪四季常绿。

2. 杂交百慕大草坪的主要缺点

(1) 耐荫性极差, 是暖季型草坪中最不耐荫的草坪草种;

(2) 成坪后容易产生直立茎, 需要频繁的修剪来维持草坪质量, 不能产生漂亮的修剪草纹;

(3) 鳞翅目食叶性害虫发生较严重, 主要危害期在7月至9月, 有时夜蛾类幼虫一晚上能够将草坪绿叶全部吃光。

3. 杂交百慕大主要品种介绍

(1) Tifton 328

也称 Tifgreen、天堂草。1956 年育成的品种,从美国北卡罗来纳州一个高尔夫果岭上的野生普通狗牙根与埃及的非洲狗牙根杂交后代中选出。修剪高度可降到 4.7mm。是为高尔夫球场果岭选育的第一个杂交百慕大品种。

(2) Tifdwarf

也称矮生百慕大、矮天堂。1965 年育成的品种,由 Tifgreen 的变异株选育出来,修剪高度可降到 4.0mm 以下。

(3) Tifway 419

也称 419。1960 年育成的品种,是第一个专门为高尔夫球场球道和体育运动场选育的杂交百慕大品种,适宜修剪高度为 12—40mm。

(4) TifEagle

也称老鹰草。1997 年育成的品种,从 Tifway 2 的辐射诱变株中选育出来,是 Tifdwarf 的升级换代品种,适应现代高尔夫球场果岭对果岭速度快和低修剪的要求,修剪高度可降到 3.0mm 以下。

(5) TifSport

1997 年育成的品种,从 Midiron 的辐射诱变株中选育出来,是 Tifdway 419 的升级换代品种,在抗寒性和抗春季死斑病方面有所改良,适用于高尔夫球场球道和体育运动场,适宜修剪高度为 10—40mm。

(6) TifGrand

2010 年育成的品种,属于杂交百慕大在耐荫能力方面有显著改良的品种,能够耐受 60% 左右的遮荫条件。可应用于高尔夫球场球道和体育运动场,适宜修剪高度为 10—30mm。

普通百慕大

普通百慕大一般由野生狗牙根资源中直接选育，或者由不同狗牙根品种或资源杂交后选育出来。在国内，已从我国野生的狗牙根资源中优选出了一些普通百慕大草坪品种，不过在精细养护下的草坪质量、质地比杂交百慕大 Tifway 419 要差一些，在实际生产上应用面积仍较小。但普通百慕大品种在粗放管理的一般园林绿化或生态绿化草坪上要比杂交百慕大有优势。

普通百慕大主要品种介绍

（1）Tifton 10

是美国乔治亚州 Tifton 美国农业部滨海试验站 1988 年育成的普通百慕大品种，从上海的一个六倍体野生狗牙根材料中选育出来。质地比 Tifway 419 要粗糙，主要应用于一般的庭院绿化和生态绿化草坪。

（2）阳江狗牙根

是江苏省中国科学院植物研究所 2007 年育成的普通百慕大品种，从广东阳江的野生狗牙根材料中选育出来。匍匐性强，生长速度快，叶色深绿，密度较高，质地中等，较耐践踏，在长江中下游地区全年绿期达 260 多天。

（3）邯郸狗牙根

是河北农业大学 2009 年育成的普通百慕大品种，从河北邯郸的野生狗牙根材料中选育出来。生长速度快，越冬性能好，质地相对较粗，适用于一般庭院绿化或生态绿化草坪。

（4）运动百慕大

是上海交通大学 2006 年育成的普通百慕大品种，从江苏扬州的野生狗牙根材料中选育出来。叶色深绿，生长速度快，质地中等，较耐践踏，越冬性能好，适用于较粗放管理的休闲园林绿化草坪。

结缕草园林绿化效果

结缕草

禾本科结缕草属植物，作为草坪用的主要有：日本结缕草、沟叶结缕草、中华结缕草和细叶结缕草。目前应用较广的主要是日本结缕草和沟叶结缕草。结缕草部分品种由种子繁殖，沟叶结缕草大都没有种子，需要用种茎进行营养繁殖。

1. 结缕草草坪的优点

（1）耐粗放管理，草坪养护成本较低；

（2）耐干旱、耐中度盐碱；

（3）抗病虫性好，病害、虫害发生较少；

（4）耐荫性较好，能够在半光照条件下生长良好；

（5）主要以地下根茎扩展生长为主，根状茎越冬存活率高，是目前唯一能够在我国北方地区种植的暖季型草坪草种。

2. 结缕草草坪的缺点

（1）草坪生长速度慢，建植成坪速度非常慢，践踏损伤后恢复生长慢；

（2）草坪绿色期短，长江流域冬季枯黄期为 120 天左右；

（3）交播风险大，交播后易引起结缕草草坪的快速退化；

(4) 叶片相对较硬, 剪草困难, 对刀具的磨损较大。

3. 结缕草主要品种介绍

(1) 兰引一号结缕草 (*Zoysia japonica* 'Lantai No.1')

属于日本结缕草, 草坪质地较粗放, 由孙吉雄教授从美国引进, 原品种名称不详。在我国华南地区应用较广, 主要应用于足球场 (如广州天河体育场)、高尔夫球场球道和高草区 (四川双流国际高尔夫球场)。

(2) 中华结缕草

从我国天然结缕草群落中选育出来, 草坪质地较粗放, 属于结缕草, 主产区为我国山东省胶东半岛。由于是直接收获天然结缕草群落的种子, 品种纯度不高, 主要出口日本、韩国, 应用于低养护的生态草坪 (邵伯琴等, 1997)。

(3) 马尼拉结缕草

属于沟叶结缕草, 草坪质地较细腻, 目前市场上至少有 3 个以上表现不一的沟叶结缕草品种, 主要应用于一般园林绿化、高尔夫球场球道和高草区。

马尼拉结缕草

（4）上海结缕草 (*Zoysia japonica×Z. matella*)

由上海交通大学胡雪华教授从我国日本结缕草和沟叶结缕草的自然杂交后代中选育出来，草坪质地较细腻，接近于马尼拉结缕草，但叶片比马尼拉结缕草柔软，草坪触感好，剪草对刀具的磨损较少。

海滨雀稗

禾本科雀稗属植物，主要育种家是美国乔治亚大学的邓肯（Duncan）教授；除 SeaSpray 外，目前多数品种无种子，须根茎繁殖。

1. 海滨雀稗草坪的优点

（1）耐盐碱，是目前最耐盐的草坪草种，部分品种能够耐受海水浇灌；

（2）草坪色泽亮丽，修剪草纹清晰，草坪景观质量好；

（3）耐旱、耐湿能力均十分优异；

（4）草坪生长速度较快；

海滨雀稗草坪

海滨雀稗草坪草纹明显

海滨雀稗币斑病害图

(5) 可通过交播多年生黑麦草来实现草坪四季常绿。

(吴雪莉等, 2019)

2. 海滨雀稗草坪的缺点

(1) 草坪病害较多, 易发褐斑病、币斑病、腐霉枯萎病、叶枯病等病害;

(2) 草坪对除草剂较敏感, 杂草危害较重, 容易受狗牙根、马唐 (*Digitaria sanguianlis*)、一年生早熟禾 (*Poa annua*) 等杂草危害;

(3) 草坪以匍匐茎生长为主, 根状茎较少, 越冬性比百慕大差。

3. 海滨雀稗主要品种介绍

(1) Salam

我国种植最早的海滨雀稗, 由美国夏威夷引进, 也称夏威夷草, 主要应用于高尔夫球场球道和发球台, 是目前国内应用最广的海滨雀稗品种。

(2) SeaDwarf

第一个可用于高尔夫球场果岭的品种, 由美国佛罗里达一个球场主 / 总监 (Stewart T. Bennett) 选育。可用于高尔夫球场果岭、发球台、球道、高草区。

(3) SeaIsle 2000

是由乔治亚大学邓肯教授专门针对高尔夫球场果岭选育出来的品种, 在草坪质地和耐低修剪方面有所改良, 可用于高尔夫球场果岭、发球台、球道、高草区。

(4) Platinum-TE

也称白金草, 是乔治亚大学邓肯教授退休后推出的品种, 是目前草坪质地最细、最耐低修剪的海滨雀稗品种, 主要应用于高尔夫球场果岭。

(5) SeaIsle 1

是由乔治亚大学邓肯教授选育出来的专门针对高尔夫球场球道和体育运动场的海滨雀稗品种。

(6) SeaSpray

是目前唯一可用种子繁殖的品种, 可用于高尔夫球场发球台、球道、高草区。

假俭草

禾本科蜈蚣草属植物, 是我国南方分布最为广泛的暖季型草坪草之一 (李西和毛凯, 2000)。主要以匍匐茎紧贴地面生长为主, 其匍匐茎外观像蜈蚣。是目前对养护要求最低的草坪草种, 俗称"懒人草"。

1. 假俭草草坪的优点

(1) 低养护, 养护成本仅为杂交百慕大草坪的 10%—30%;

(2) 匍匐茎紧贴地面生长, 不产生气生茎, 对草坪修剪要求低;

(3) 抗病虫能力强, 目前未发现有明显的病虫害发生, 不需要使用杀虫剂、杀菌剂;

'平民'假俭草

（4）成坪后对杂草竞争力强，杂草容易防除；

（5）根系深，抗旱能力强，对灌溉要求低；

（6）可通过交播多年生黑麦草来实现草坪四季常绿。

（郭成宝等，2005）

2. 假俭草草坪的缺点

（1）质地较粗，多数品种的质地要比日本结缕草还粗糙；

（2）草皮生产成坪性状较差，草皮起出后容易破碎。

3. 假俭草主要品种介绍

（1）TifBlair

美国乔治亚大学 W. 汉拿（W. Hanna）教授从中国收集的野生假俭草资源中优选出来的品种，1997 年育成，质地较粗糙。是目前美国应用面积最广的假俭草品种，主要应用于低养护管理的生态绿化草坪。

（2）'平民'假俭草

上海交通大学草业科学研究所 2009 年从中国野生假俭草资源中优选出来的品种，质地比 'TifBlair' 有明显的改良，适用于养护非常粗放的园林绿化和屋顶绿化。

(3)'球道'假俭草

上海交通大学草业科学研究所 2013 年从'平民'假俭草矮生突变株后代定向选育出来的品种，是目前质地最细腻的假俭草品种，能够适应 15—25mm 的低修剪，是适用于各类体育运动场和园林绿化的低养护、高品质的草坪品种。

(4)'疏荫'假俭草

上海交通大学草业科学研究所 2016 年从野生假俭草诱变株后代定向选育出来的最耐荫的假俭草品种，能够耐受 70% 以上的遮荫条件，根系深度可达 80cm 以上，抗旱性好，自然降雨即能满足其水分需求，不需额外灌溉。适用于管理粗放、光照条件不良的园林绿化。

多年生黑麦草

禾本科黑麦草属植物，生长习性为丛生型，种子繁殖，出苗快，一般播种后 6 天左右即可完全出苗，30—40 天即可初步成坪（杜志花等，2021）。植株以垂直生长为主，基部能够产生分蘖，但不像暖季型草坪能够匍匐生长，因此草坪缺损后，需要补种才能维持草坪表面的一致性。垂直生长速度快，须频繁修剪才能维持较好的草坪质量。

1. 多年生黑麦草的优点

(1) 种子萌发快，建植成坪速度是所有草坪草种中最快的；

(2) 色泽深绿，亮丽，草坪景观质量好；

(3) 抗寒性好，冬季能够保持绿色，在长江流域经常作为冬季草坪交播用种；

(4) 草坪质地中等偏细，能够耐受 1 cm 左右的低修剪。

多年生黑麦草交播 35 天后成坪

上海街头绿地多年生黑麦草交播草坪的冬季景观

2. 多年生黑麦草的缺点

（1）垂直生长速度快，需要非常频繁的修剪才能维持草坪质量；

（2）抗热性差，不耐高温，长江流域夏季几乎全部死亡；

（3）抗病、虫性较差，生长季病害、虫害危害严重，需要频繁用药才能控制；

（4）一年生早熟禾等杂草危害较重。

3. 多年生黑麦草的应用

多年生黑麦草在长江流域主要用于暖季型草坪的冬季交播，实现草坪的四季常绿。一般不作为单独草种建植草坪。多年生黑麦草品种较多，种子基本上都从美国进口，品种纯度决定了建植后草坪的质量，建议购买经过种子产地认证的有蓝色标签的种子。常见的品种有：补播王（Overseed）、球童（Caddie）、巨浪（Riptide）、嘉奖三号（Citation III）、红日（Sunstreaker）等。

近年来，多年生黑麦草品种在抗热性上有明显的改良，显著改善了北方地区黑麦草草坪的越夏质量，但对长江流域冬季交播却非常不利，春季多年生黑麦草生长旺盛，会抑制下层暖季型草坪的返青，不利于春季向暖季型草坪的转换，因此，交播用的多年生黑麦草需要选择抗热性相对较差的品种。

除了多年生黑麦草外，一些一年生黑麦草（*Lolium multiflorum*）品种也可用于暖季型草坪的交播，常见的品种有：冬宝、冬景等。与多年生黑麦草相比，一年生黑麦草的质地较差，叶片颜色较浅，草坪质量相对较差，垂直生长速度更快，需要更频繁的修剪来维持草坪的质量；但其抗热性较差，交播后，春季容易向暖季型草坪转换。

杂交黑麦草（多年生黑麦草与一年生黑麦草的杂交种）兼有

东方绿舟

多年生黑麦草较优秀的草坪质量，又融合了一年生黑麦草的不抗热性，在草坪交播草种上的应用越来越广，但目前国内杂交黑麦草还没有实际应用。

本章参考文献

赵美琦，孙学智，赵炳祥 . 现代草坪养护管理技术问答 [M]. 北京 : 化学工业出版社 , 2009.

孙吉雄 . 草坪学 [M]. 中国农业出版社 , 2003.

梁照 . 国外引进草坪草种质资源的坪用性状评价 [D]. 南京农业大学 , 2017.

王海亭 . 草坪草的适应性与草种选择 [J]. 北京园林 , 2000,(02):10-11.

韩烈保 . 草坪草气候生态区划及其引种决策的研究 [D]. 中国农业大学 , 1996.

刘建秀，刘永东 . 中国暖季型草坪草物种多样性及其地理分布特点 [J]. 草地学报 , 1998(1):45-52.

彭燕，张新全，周寿荣 . 草坪草利用及引种适应性研究 [J]. 草原与草坪 , 2004,(4): 12-16.

鲁存海，白小明 . 8 种野生早熟禾种质材料坪用特性和草坪质量评价研究 [J]. 草原与草坪 , 2011, 31(5): 55-59.

杨光 . 上海地区暖季型草坪草耐荫性探究 [D]. 上海交通大学 , 2017.

沈宇 . 不同经纬度地区野生狗牙根种质资源评价 [D]. 扬州大学 , 2020.

邵伯琴，施桂芬，李彦 . 青岛胶州湾地区结缕草属种质的保护和开发利用 [J]. 中国草地 , 1997,(6):61-64.

吴雪莉，郭振飞，陈申秒，庄黎丽 . 海滨雀稗耐逆性研究进展 [J]. 草地学报 , 2019, 27(5): 1117-1125.

李西，毛凯 . 假俭草研究概况 [J]. 草业科学 , 2000, 17(5):13-17.

郭成宝, 陈卫宇, 闫美玲, 张宁宁. 假俭草的坪用性状研究 [J]. 广东农业科学, 2005, (5): 37-38.

杜志花, 闻美, 王永吉, 张粉果. 温度和氯化钙对多年生黑麦草种子萌发的影响 [J]. 草业科学, 2021, 38 (02)：269-276.

基于场地功能的
草坪草种（品种）选择

第三章

影响草坪草种选择的因素有很多。有时候根据经费进行选择，质量越高的草坪，其土壤改良、排灌设施和养护管理方面的投入越大。有时候要按照景观要求选择，如四季常绿的草坪，则需要选择适合秋季交播的草坪草种。还有的要根据草坪栽植地的立地条件选择草坪，如土壤理化性质、光照、水分等条件。根据草坪使用功能选择草坪草种，也是十分重要的因素，选择正确，可充分发挥出草坪草应有的生态功能和景观功能。

闸北公园草坪

一、开放型草坪的草种（品种）选择

开放型草坪是指供人们散步、休息、娱乐、户外休闲活动的游憩草坪。这类草坪在绿地中面积和形状均不固定，有时草坪面积较大，可供大量人群开展休闲活动，有时面积较小，与树木、建筑、水景等配置在一起（马进，2003）。常见的开放型草坪多见于公园、风景区、住宅区等的休闲广场中。

开放型草坪需具备的主要功能

由于开放型草坪需要承受一定量的人流休闲活动，安全性和舒适性是开放型草坪必须具备的功能。因此，开放型草坪的质量应主要关注以下几个方面：

1. 场地的平整度

安全性是开放型草坪的第一考量，由于人们在草坪上的娱乐和户外休闲活动具有不定向性，因此，开放型草坪应相对开阔、

平坦开阔的开放型草坪

场地平整、草坪缓冲性能好，避免人们在娱乐活动时受伤。

一般来说，开放型草坪应设计为开阔而平整的草坪场地，坡度不超过 5%。若需要设计成一定的造型，最大坡度也不宜超过 20%，而且要确保场地表面的光滑平整。

2. 草坪的耐踩踏与恢复能力

开放型草坪需要承受一定量的人流践踏压力，因此，草坪的耐踩踏能力及其损伤后的恢复能力是维持开放型草坪基本功能的必要条件。草坪的耐踩踏能力，一方面与草坪植物抗踩踏损伤的能力有关，如马尼拉结缕草，其叶片细胞的纤维素和木质素含量高，细胞含水量很低，其韧性强，在一定强度踩踏下细胞损伤较小，表现出较好的耐践踏能力；另一方面，草坪损伤后的恢复能力也是决定草坪耐踩踏的重要因子，如杂交百慕大，虽然其叶片在踩踏后容易损伤，但其恢复生长速度快，踩踏损伤后很快能够长出新的叶片，通过叶片的新陈代谢能够实现一定强度踩踏下草坪叶片覆盖层的动态平衡，同样能表现出较好的耐踩踏能力。

3. 土壤的抗板结性能

人们在草坪上的休闲活动会造成土壤的逐渐压实与板结，改变土壤的物理化学性状，降低土壤的孔隙度、渗水性能和氧气含量，抑制草坪根系的生长，严重时会因土壤缺氧而造成根系的厌氧呼吸，导致根系萎缩，甚至死亡（Kowalewski 等，2013）。因此，开放型草坪的坪床土壤要具有较好的抗板结性能，一般采用砂质土壤，或在原土上覆盖一层河砂，保证坪床土壤在一定践踏下仍能保持较好的通气性能。

4. 草坪景观效果

开放型草坪也需要具有一定的草坪景观效果，以满足人们对草坪绿地的视觉舒适度和触感舒适度的要求。草坪视觉上的

闸北公园草坪

景观效果主要表现在草坪的绿色是否纯正，草坪是否能完全覆盖、没有裸露土壤等方面。与叶片较硬的草坪相比，叶片较软的草坪让人坐上去或躺上去感觉更舒服。

开放型草坪建植与养护的要求

　　草坪的建植工程一般包括草坪建植地土壤的调查分析、灌溉系统和排水系统的安装与调试、场地的造型与平整、坪床土壤的改良、草坪的种植和幼坪的养护管理等。目前园林草坪的建植基本上省略了灌溉和排水系统，一般采用地表的造型坡度来避免草坪的积水现象，场地造型和平整也相对粗放，为了节约成本，一般会直接利用原有土壤，很少进行土壤改良。为了达到快速绿化的目的，草坪种植一般都采用了草皮铺植法，即在平整的土壤上直接铺设草皮，极少采用种子播种、种茎扦插（大多数暖季型草坪品种没有种子，只能用其匍匐茎或根状茎扦插的营养繁殖方式）来建植草坪。

　　草皮铺植法建植草坪的优点是草坪绿化见效快、缓苗期短、不受季节限制；其缺点是草坪建植成本高，草皮所带的土壤或基质与场地土壤有差异，会影响草坪后续的生长与绿化效果。草皮铺植法的建植程序包括：

人流量大的地方采用汀步

1. 草坪设计

草坪设计时，应综合考虑建植地的气候和土壤条件、草坪用途、建植成本、养护管理费用以及草种生态适应性等。

在人流踩踏胁迫下维持草坪较好的景观效果是开放型草坪需要面对的主要问题，特别是在人流量较集中的草坪出入口处、通道等区域。因此，在设计开放型草坪时应合理分散人流进出草坪的区域，尽可能做到草坪的全方位开放，即：在任何点人们都可以进出草坪。

在无法避免的人流集中区域，应采用间隔式草坪地砖、地埋式耐践踏支架、汀步等方式设置草坪过渡区域，避免这些区域因人流过度踩踏而造成草坪的永久性破坏。

2. 灌排措施

草坪积水须及时排除。一般面积小于 2000m² 的草坪宜采用自然地形排水，比降为3‰—5‰；面积大于2000m²的草坪可考虑建设永久性地下排水管网。

3. 坪床准备

建植草坪前对场地上的石块、垃圾、树根、杂草等进行清理，坪床土块粒径应小于2cm，建筑垃圾场地应压实覆土至少30cm后才能建植，以满足草坪根系生长的基本需求。

用旋耕机对土壤进行旋耕，改善土壤的板结状况，用刮平机或人工对场地进行平整。开放型草坪对场地平整度的要求比普通景观绿化草坪要高，一般要求一米标尺内最高点与最低点的高度误差不超过5cm。

由于上海市草坪场地大都在当地的原始土壤层上建植，上海的土壤大都具有很强的黏性，很难平整，不容易达到开放型草坪对场地平整度的要求。因此，在建植开放型草坪时，最好在原始土壤上覆盖河砂，一方面容易实现场地的平整，另一方面也能够改善开放型草坪在人流踩踏下的土壤抗板结能力。砂层的厚度可因草坪场地的使用功能而定，面积较大的一般游憩开放型草坪可铺3—5cm厚的砂层，人流量大的游憩开放型草坪的砂

满铺式草坪

层铺设厚度最好能达到 10cm 以上。为了缩短草皮的缓苗期，可以通过施基肥的方式来提高坪床土壤的肥力。基肥为有机肥时，一定要注意将有机肥均匀地混合在坪床土壤中。

4. 草皮铺设

建议采用满铺的方式在平整的土壤上直接铺设草皮。草皮铺设时应条缝对齐，做到工整、平齐，不出现缺损和重叠等现象。草皮铺设完成后，最好铺一层砂或细土，并滚压一次，以增加草皮与土壤的接触，促进草皮根系的长出，减少明显的缓苗现象。

5. 幼坪养护

草皮铺设完成后，应立即灌溉，浇透草皮和坪床土壤，促进草皮新根的长出。草坪缓苗期的长短取决于以下因素：（1）草皮的离土时间长短和失水状况；（2）草皮与土壤接触状况与铺植的质量；（3）草坪新根长出的速度。铺植良好的草皮可以做到基本看不出明显的缓苗现象。（草皮铺植法建植草坪的幼坪养护方法与本书第四章草坪养护基本相同。）

开放型草坪的草种（品种）选择

开放型草坪需要承受一定强度的草坪踩踏胁迫，因此，开放型草坪草种的选择需要考虑草坪的耐踩踏损伤能力和草坪损伤后的恢复能力。适合用于开放型草坪的草种（品种）主要有：

（1）杂交百慕大品种：Tifway 419、TifSport。

（2）普通百慕大品种：阳江狗牙根、运动百慕大。

（3）结缕草：兰引三号（*Zoysia japonica* 'Lantai No.3'）、中华结缕草、马尼拉结缕草、上海结缕草。

（4）假俭草：TifBlair、'平民'假俭草、'球道'假俭草、'疏荫'假俭草。

有隔离保护的观赏型草坪（静安雕塑公园）

二、观赏型草坪的草种（品种）选择

观赏型草坪是指园林绿地中主要提供人们视觉欣赏的封闭型草坪，一般人们不会进入草坪绿地开展活动。有时观赏型草坪周边会有护栏或绿篱进行隔离保护，但也有很多是开放式的草坪，仅在路径设计上引导人们避免进入草坪。

观赏型草坪需具备的主要功能

1. 草坪的景观质量

景观质量是观赏型草坪最重要的考量因素。草坪的景观质

浅绿色的草坪

亮绿色的海滨雀稗草坪

量主要取决于草坪的颜色、均一性、草坪质地、生长习性、草坪密度和修剪草纹等因子（张桐瑞等，2020）。不同的人群对草坪的景观会有不同的偏好，有人喜欢深绿色的草坪，也有人喜欢浅绿色或亮绿色的草坪，也有人认为冬季枯黄的草坪也是很好的景观。

草坪的绿色主要由草坪草种（品种）的遗传特性所决定，如：杂交百慕大为深绿色，海滨雀稗为亮绿色。草坪的养护管理在一定程度上可以对草坪的绿色进行调控，如：水分和营养充足，则草坪的绿色会深，而缺水、缺肥条件下，草坪的绿色会变浅。

　　均一性也是决定草坪景观质量的重要因子，草坪的均一性表现为草坪表面的均匀性，包括草坪颜色、质地、密度、高度等方面的均一性，一般来说，草种越纯、杂草越少，草坪的均一性越好。

　　草坪的质地是草坪茎蘖和叶片的粗细程度的度量，草坪植物的茎蘖越细，叶片越窄，由这些茎蘖和叶片组成的草坪质地也就越细腻，草坪修剪的高度也应越低矮。草坪的密度与质地呈负相关，草坪的质地越细，单位面积所需的草坪茎蘖数应越多，草坪密度越高。

　　由于草坪基本上是纯绿色的，给人们的视觉冲击相对较小，但运动草坪往往以亮丽的、深浅相间的修剪草纹带给人们一种唯美的视觉效果。修剪草纹是草坪叶片的不同角度对光线的吸收与反射所形成的，若光线直接射向叶片表面，会形成反射，光线吸收得相对较少，因此颜色较浅；若叶片迎向光线方向，大量的光线被叶片间接吸收，颜色就深。通过控制草坪叶片的角度，可以制造出明暗不同的草纹效果。

　　不同草种的生长习性会影响修剪草纹的效果，如海滨雀稗

均一性较好的草坪

能够修剪出很漂亮的草纹,但杂交百慕大的修剪草纹就不明显,因为百慕大的地表部分主要由其纵向生长的枝条所组成,不易形成稳定的叶片角度。

2. 草坪绿期

草坪在生长期主要提供绿色的草坪景观,上海暖季型草坪在冬季会有 100 多天的枯黄期。如何延长草坪绿期,对于提升草坪的景观效果有着重要的意义。

观赏型草坪的草种(品种)选择

景观质量和全年的绿期是观赏型草坪最主要的考量指标,上海地区暖季型草坪在冬季有 3 个月左右的枯黄期,影响草坪冬季的观赏效果,因此观赏型草坪需要考虑草坪交播多年生黑麦草及其在春季草坪转换的效果。适合用于观赏型草坪的草种(品种)主要有:

(1)海滨雀稗: Salam(夏威夷草)、SeaIsle 1。

(2)杂交百慕大品种: Tifway 419、TifSport。部分精细养护的观赏型草坪也可以选择 Tifdwarf(矮生百慕大)。

(3)普通百慕大品种: 阳江狗牙根、运动百慕大。

(4)假俭草: TifBlair、'平民'假俭草、'球道'假俭草、'疏荫'假俭草。

三、生态护坡草坪的草种(品种)选择

生态护坡草坪是指在坡地、堤坝、水岸、公路或铁路两边等位置建植的生态草坪,主要起固土护坡、防止水土流失等生态作用，对草坪的景观质量要求较低。

由于特殊的地理位置和养护操作相对困难，生态护坡草坪要求低养护，甚至零养护。为了实现很好的固土护坡、防止水土流失等生态功能，要求生态护坡草坪根系发达，最好能够有较长的匍匐茎或根状茎，来固定坡面的土壤，减少沙土流失的风险。

适合用于生态护坡草坪的草种（品种）有：

(1) 假俭草品种：TifBlair、'平民'假俭草。

(2) 结缕草品种：中华结缕草、马尼拉结缕草。

四、运动型草坪的草种（品种）选择

运动场维护得当的草坪柔软干净，环境优美，不仅可以提高球类运动的质量，防止和减少运动员受伤，而且也为观众提供了一个良好的娱乐休息场所。常见的在草坪上开展的运动有足球、高尔夫球、网球、橄榄球等。

在生长习性上，运动型草坪最理想的草种选择是根茎型。因为根茎型草坪主要由地下根状茎进行扩展繁殖，再由根状茎每个节上长出的芽来组成地表的草坪，其根状茎组成的网络系统牢度大，即使在剧烈运动下，也能够避免因草坪被撕裂而产生的打滑；另外，其草坪生长点位于土壤中，不易在运动中受到伤害，即使地表草坪受到运动损伤，其生长点能够再长出茎叶，恢复草坪的功能。匍匐型草坪主要由地表的匍匐茎进行匍匐生长而形成地表网络状的草皮覆盖，其抗撕裂强度也较大，草坪损伤后也能够自助修复，其匍匐茎能够通过匍匐生长来填充缺损之处。至于丛生型草坪，它只能由密集的主茎和分蘖来组成草坪层，草坪建植后不会再有移动生长，因此，播种时的均匀性决定了草坪的密度和均一性，一旦草坪有损伤缺失，需要补种才能恢复。

足球场草坪效果

足球场草坪草种（品种）选择

　　足球场属于专业的运动场地，其草坪需要满足高强度足球运动训练和比赛的要求，对草坪的耐踩踏能力、土壤的抗板结性能、场地的平整度、草坪的景观效果等方面要求均高于一般的开放型草坪（马力等，2005）。专业足球场的场地平整度要达到在3m长度范围内最高点与最低点的高度误差不超过3cm，草坪的水分渗透速率大于3mm/min，足球在草坪上的滚动距离为2m—14m（1m高，沿45°斜坡滚下），足球的下落反弹率最佳要达到20%—50%，草坪根系在土壤中的分布要大于10cm。这些指标对足球场地草坪的要求较高，场地不仅要非常平整，而且土壤要紧实，保证足球在草坪上合理地反弹，土壤中的水气矛盾要协调，既有较好的孔隙度，又有很好的水分渗透率；同时对草坪的匍匐茎、根状茎或根系的相互扭结，草坪枯草层的积累与控制等都提出了很高的要求（李龙保等，2011）。因此，在建植足球场草坪时，整个根际层（30cm）都要选择符合USGA标准的河砂, 才能达到既坚实平整, 又透气透水的要求。

耐踩踏损伤能力和草坪损伤后的恢复能力是足球场草坪草种选择首要考虑的因素 (Aldahir & McElroy, 2014)。适合用于足球场草坪的草种 (品种) 主要有:

(1) 杂交百慕大品种: Tifway 419、TifSport。

(2) 普通百慕大品种: 阳江狗牙根、运动百慕大。

(3) 结缕草: 兰引三号。

(4) 假俭草: '球道'假俭草。

高尔夫球场草坪草种 (品种) 选择

1. 果岭草种 (品种) 选择

高尔夫球场果岭是高尔夫球场养护要求最精细的草坪, 果

高尔夫果岭草坪养护最精细

高尔夫球道草坪景观

岭对推杆速度的要求非常高,一般要求高尔夫球在果岭上的滚动速度达到每秒 8—10ft(约为 2.44—3.05m)以上。这样,不仅要求果岭草坪的表面光滑平整,而且果岭草坪的高度只能维持在 3mm 左右。能够适应 3mm 这样低修剪的草坪草品种较少,目前适合于高尔夫球场果岭的草坪草种(品种)主要有:

(1)杂交百慕大品种: TifEagle(老鹰草)。

(2)海滨雀稗品种: Platinum-TE(白金草)、SeaIsle 2000。

(3)匍匐剪股颖品种: Penn A-4、Penn A-1。

2. 球道草种(品种)选择

球道是高尔夫球场面积最大的精细养护草坪,需要兼顾草坪的景观质量(色泽、均一性、修剪草纹等),高尔夫运动的功能质量(平整性、球的滚动性、草坪的托球性等),以及对养护的要求(抗旱性,抗病虫、抗杂草能力等)。适合用于高尔夫球场球道

高尔夫球场高草区草坪景观

高尔夫球场高草区草坪养护较粗放

的草坪草种(品种)主要有:

(1) 杂交百慕大品种: Tifway 419、TifSport、TifGrand。

(2) 海滨雀稗品种: SeaIsle 2000、SeaIsle 1。

3. 高草区草种(品种)选择

高草区是高尔夫球场养护要求最低的草坪区域, 其面积较大, 场地分布相对零碎, 仅对草坪有一定的景观要求。适合用于高尔夫球场高草区的草坪草种(品种)主要有:

(1) 杂交百慕大品种: Tifway 419、TifSport、TifGrand。

(2) 普通百慕大品种: 阳江狗牙根、运动百慕大。

(3) 海滨雀稗品种: SeaIsle 2000、SeaIsle 1。

(4) 结缕草品种: 兰引三号、中华结缕草、马尼拉结缕草、上海结缕草。

(5) 假俭草: TifBlair、'平民'假俭草、'球道'假俭草、'疏荫'假俭草。

辰山植物园

本章参考文献

马进，孟瑾，蔡建国. 草坪草种在江南草坪上的应用和探索 [J]. 草业科学，2003,20（7）：90-93.

Kowalewski A R, Schwartz B M, Grimshaw A L, et al. Biophysical effects and ground force of the baldree traffic simulator[J]. Crop Science, 2013,53(5):2239-2244.

张桐瑞，李富翠，李辉，季双旋，范志浩，韩烈保. 人造草垫对混合草坪景观质量、生物量及根系生长的影响 [J]. 草业科学，2020,37（6）：1058-1065.

马力，温克军，张志国. 运动场草坪沙基坪床渗透性的调节研究 [J]. 草业科学，2005,23（1）：84-89.

李龙保，林世通，黎瑞君，张巨明. 广州亚运会足球场草坪质量的综合评价 [J]. 草业科学，2011,28（7）：1246-1252.

Aldahir P C F, McElroy J S. A review of sports turf research techniques related to playability and safety standards [J].Agronomy Journal, 2014,106(4):1297-1308.

第四章 园林绿化草坪养护管理

养护管理是维持优质草坪的关键。草坪的养护管理需要根据所在地域的气候、土壤条件，草坪草种（品种）的特性，草坪所承担的功能，来采取科学、合理的养护管理措施，从而发挥草坪最佳的功能，满足人们对草坪的功能需求。

由于园林草坪养护经费有限，不可能像高尔夫球场、专业足球场那样进行精细化、频繁的养护管理，更需要根据园林草坪所需担负的基本功能，顺应天时、地利，根据不同草坪草种的特性来进行养护管理，以期在低养护成本下实现草坪功能的最大化。

园林草坪所采取的主要养护措施有：修剪、施肥、灌溉、病虫草害防治等，而运动草坪经常采用的打孔、铺沙、疏草、垂直切割、滚压等措施，由于对机械的要求过高，操作强度过大，一般在园林草坪上很少使用。

苏州河黄浦段"最美花园"（南苏州路 76 号）

一、草坪养护质量要求

草坪质量是草坪在生长期内使用功能的综合体现, 它与草坪的品质、所需的功能和使用的目的密切相关。草坪质量评价是对草坪整体性状的评定, 用来反映成坪后的草坪是否满足人们对它的期望与要求 (刘及东等, 1999)。目前, 草坪质量评价还没有形成科学、客观、统一的评价方法。普遍认同的是, 草坪外观质量构成的基本因素有匀度、密度、质地、颜色等, 功能质量主要有刚性、弹性、再生能力等 (闫磊和杨德江, 2003)。草坪使用目的不同, 其养护质量标准也不同。

开放型草坪养护质量等级

开放型草坪的养护质量评价指标主要有平整度、坪床质地与抗板结能力、覆盖度、颜色、均一性、杂草率、病虫害侵害率等, 分三个养护质量等级 (表4-1)。

平整度 (单位为 cm) 指草坪表面平整的程度, 即草坪最高处与最低处的差值 (一般是指 2m 或 3m 直线范围内的差值, 不包括坡度的差值), 以 cm 计。草坪平整度监测方法一般是将 1m 直尺置于场地床面上, 以尺下缘与地面的最大间隙为测定结果, 重复 3 次, 取其平均值。

覆盖度 (%) 是指单位面积上草坪植物地上部分的垂直投影面积与取样面积的百分比。

均一性是指草坪外观上均匀一致的程度, 是对草坪草颜色、生长高度、密度、组成成分、质地等几个项目整齐度的综合评价, 是草坪外观质量的重要特征。

病虫侵害率 (%) 的测定采用随机抽样法, 每个随机抽查的样方不小于 2m^2, 总调查面积不小于草坪总面积的 1%, 以被侵害草坪草的面积占样方面积的百分数表示。

杂草率 (%) 测定方法同"病虫侵害率"。

表 4-1 开放型草坪养护质量等级

序号	项目	质量要求		
		一级	二级	三级
1	平整度 (cm)	≤1	≤3	≤5
2	坪床质地与抗板结能力	坪床覆砂层≥8cm,且砂粒径0.01—0.1cm占比≥80%	坪床覆砂层≥3cm,且砂粒径0.01—0.1cm占比≥50%	坪床覆砂层<3cm
3	覆盖度 (%)	≥99	≥90	≥80
4	颜色	草坪由绿色叶片层全部覆盖,看不见枯草或其他颜色	草坪由绿色叶片层覆盖,枯草或其他颜色比例≤5%	草坪由绿色叶片层覆盖,枯草或其他颜色比例≤15%
5	均一性	外观均匀一致	外观较均匀	外观有明显不均匀的部分
7	杂草率 (%)	≤1	≤5	≤10
8	病虫侵害率 (%)	≤5	≤10	≤15

注: 项目指标按重要性排序

观赏型草坪养护质量等级

观赏型草坪的养护质量评价指标有覆盖度、颜色、均一性、杂草率、病虫侵害率、平整度等，分三个养护质量等级（表4-2）。

表 4-2 观赏型草坪养护质量等级

序号	项目	质量要求		
		一级	二级	三级
1	覆盖度(%)	≥99	≥90	≥80
2	颜色	草坪由绿色叶片层全部覆盖，看不见枯草或其他颜色	草坪由绿色叶片层覆盖，枯草或其他颜色比例≤5%	草坪由绿色叶片层覆盖，枯草或其他颜色比例≤15%
3	均一性	外观均匀一致	外观较均匀	外观有明显不均匀的部分
4	杂草率(%)	≤1	≤5	≤10
5	病虫侵害率(%)	≤5	≤10	≤15
6	平整度(cm)	≤3	≤5	≤7

注：项目指标按重要性排序

生态护坡草坪养护质量等级

生态护坡草坪的养护质量评价指标有覆盖度、病虫侵害率、地下生物量等，分三个养护质量等级（表4-3）。

表 4-3 生态护坡草坪养护质量等级

序号	项目	质量要求		
		一级	二级	三级
1	覆盖度(%)	≥85	≥80	≥75
2	病虫侵害率(%)	≤5	≤10	≤15
3	地下生物量(g/m^2)	≥1500	≥1000	≥700

注：项目指标按重要性排序

二、养护管理措施

修剪

　　修剪是草坪养护管理中最基本也是最频繁的一项养护管理措施。草坪植物生长点低，再生能力强，植株低矮，是最耐修剪的植物。草坪的定期修剪能够保持草坪表面的平整和美观，并提供良好的草坪运动场地，供人们休闲或在草坪上进行各项体育活动。草坪适宜的修剪不仅能够控制草坪的纵向生长，形成整齐统一的草坪高度，而且能够促进草坪的横向生长，增加草坪的密度、改善草坪的质地，同时也能够抑制杂草的入侵与危害（高晓萍，2007）。

　　但是，草坪修剪毕竟剪走的是草坪进行光合作用的绿叶，不恰当或过度的修剪不仅会造成草坪光合同化能力的显著下降，过度消耗植物的能量，对草坪正常生长造成伤害，引起草坪密度降低、根系变浅而稀少，而且会造成草坪抗逆性的显著下降，加重病、虫、杂草的侵染和危害。因此，科学合理的修剪是维持草坪质量最根本的养护措施之一。

修剪原则

　　草坪修剪的基本原则简称为"三分之一"原则，即每次草坪修剪时剪去的草坪绿叶量最大不超过草坪总绿叶量的三分之一（黄彩明等，2008）。这个原则是依据草坪植物的恢复补偿生长能力而得出来的。若每次修剪去的绿叶量小于草坪总绿叶量的三分之一，草坪能够通过其自身的恢复补偿生长能力来调整草坪的生长方式，减少纵向的徒长，促进分蘖、匍匐茎或根状茎等的横向生长，增加根系的数量，增加草坪的密度，改善草坪的质地，从而提高草坪的质量。若修剪时剪掉的绿叶量大于草坪总绿叶

草坪过度修剪

量的三分之一，草坪自身的恢复补偿生长能力不足以补偿修剪给草坪带来的损伤，草坪需要过度消耗根茎中储藏的能量来进行恢复生长，较轻时会引起草坪抗逆性的下降，加重病虫的侵染或环境逆境的危害，严重时会对草坪造成毁灭性的伤害，使草坪密度变得稀疏，为杂草创造了大量的入侵空间，使草坪很快沦为杂草滋生的荒地。

要维持草坪修剪的"三分之一"原则，需要根据草坪纵向生长的速度来及时调整草坪的修剪频率和高度，即：草坪纵向生长快时，要增加草坪修剪的频率或提高草坪修剪的高度，才能维持每次修剪所剪走的绿叶量不超过草坪总绿叶量的三分之一。若想降低草坪修剪的次数，首先需要控制草坪纵向生长的速度。

修剪高度和修剪频率

　　草坪的修剪高度取决于草坪所需承担的功能和草坪草种（品种）的耐低修剪能力，如高尔夫球场果岭草坪的修剪高度在 0.3cm 左右，需要用滚刀式的果岭剪草机来进行修剪，球道的修剪高度一般控制在 1.0—2.0cm 之间，需要用滚刀式的三联或五联剪草机来修剪，高草区的草坪修剪高度则达到了 5—10cm，一般采用旋刀式的三联或五联剪草机进行修剪；足球场草坪的修剪高度一般控制在 2.0—3.0cm 之间，一般采用三联滚刀式剪草机、手扶式滚刀剪草机，少数条件较差的球场也会采用手扶式的旋刀剪草机来修剪。

　　一般园林绿化草坪（包括开放型草坪和观赏型草坪）的修剪高度控制在 5—10cm 之间，对景观要求高且有条件的绿化草坪有时也会将修剪高度控制在 5cm 以下。多数园林绿化草坪采用手扶式旋刀园林剪草机来修剪，少数也会采用驾乘式旋刀剪草机来修剪。

　　草坪的修剪是草坪养护最常规的措施，修剪频率越高，草坪管理的劳动强度就越大，草坪养护的成本也就越高。草坪的修剪频率取决于草坪的修剪高度和草坪的生长速度，草坪修剪高度越低，对剪草的频率要求就越高，如：高尔夫球场果岭，修剪高度只有 0.3cm，正常生长 1—2 天后新叶的生长量就达到了草坪修剪的"三分之一"原则的极限，必须及时进行修剪才能维持草坪正常的质量与功能，否则就会出现草坪的退化。另一方面，草坪垂直生长越快，新叶的生长量达到草坪修剪的"三分之一"原则极限所需的时间也就越短，对剪草的频率要求也就越高，反之，草坪垂直生长越慢，修剪频率也就越低，如：杂交百慕大（Tifway 419）绿化草坪在夏季处于生长高峰期，一般需要每周修剪一次，才能达到较好的景观效果，但在冬季休眠期间，草坪生长基本停滞，则不需要修剪。

草坪草种（品种）的特性也决定着草坪的修剪高度与修剪频率，如：杂交百慕大（Tifdwarf，矮生百慕大）的适宜修剪高度在 0.8—2.0cm 之间。超过 2.0cm 时，草坪的枯草层明显增加，其绿叶层的高度也就维持在 1.5cm 左右，其余的高度则都成为了枯草层，大量枯草层的积累会造成草坪的退化；但当草坪修剪高度降到 0.3cm 时，矮生百慕大的大部分绿叶都被剪走，会造成草坪密度的明显降低，草坪会越来越稀疏，易引起草坪快速退化。

修剪机械

割灌机主要用于修剪草坪边缘

割灌机修剪园林绿化草坪易造成"啃草"现象

1 割灌机

　　割灌机主要用于草坪的修边整理。在草坪剪草机无法修剪的草坪边缘、树木交界处，可以用割灌机来进行修边，保持草坪边缘的整齐。

注意：割灌机使用时有较大的风险，修边时打飞的石子容易对操作人员或路人造成伤害，因此，割灌机使用者需要佩戴保护眼镜、穿长衣长裤。在路人或车辆经过时，应停止操作。

割灌机使用的误区：目前有不少园林绿化养护人员喜欢使用割灌机来进行草坪修剪，由于割灌机只能是手工操作，草坪修剪的高度、质量完全取决于操作者的手工控制，草坪修剪效果不稳定甚至质量极差，经常出现"啃草"现象，这也是造成草坪快速退化的主要因素之一。

手扶式旋刀剪草机

驾乘式旋刀剪草机

2 手扶式旋刀剪草机

手扶式旋刀剪草机是最常用的园林草坪修剪机械。剪草机上一般有 5—10 个不同的剪草高度档位，应该首先确定剪草机修剪高度档位后再进行修剪。

3 驾乘式旋刀剪草机

驾乘式剪草机的剪草效率要远超过手扶式剪草机，操作的劳动强度也较小，适合较大面积的草坪修剪，如：足球场、高尔夫球场、大块的绿化草坪。驾乘式旋刀剪草机有单个旋刀的剪草机，也有三联（有三组旋刀）和五联（有五组旋刀）的剪草机。驾乘式剪草机一般通过刀组四周的滚轮高度来调节剪草高度，应该首先确定剪草机修剪高度档位后再进行修剪。

手扶式滚刀剪草机

4 手扶式滚刀剪草机

手扶式滚刀剪草机一般只用于对景观要求（修剪草纹）特别高、需要精细化养护的观赏型草坪或足球场草坪上。由于其剪草效率较低，操作的劳动强度较大，滚刀的磨刀和机械的养护要求较高，一般园林绿化草坪很少使用。

驾乘式滚刀剪草机在高尔夫球场草坪上的应用

驾乘式滚刀剪草机在足球场草坪上的应用

5 驾乘式滚刀剪草机

驾乘式滚刀剪草机一般用于草坪面积较大且需要精细养护的体育运动草坪上，如：足球场、高尔夫球场。一般粗放养护的园林绿化草坪很少使用驾乘式滚刀剪草机。

气浮式剪草机

6 气浮式剪草机

气浮式剪草机的刀具也是旋刀式的，与手扶式滚刀剪草机不同的是：气浮式剪草机很轻，在旋刀上有密闭性较好的塑料罩壳，其剪草高度是由旋刀高速旋转产生的上浮气流来决定。气浮式剪草机主要用于机械操作较困难、坡度较大的草坪上，如：沙坑边缘、边坡草坪等。

割灌机修剪草坪导致草坪高度不一致

修剪误区

　　如前所述，目前使用割灌机修剪草坪的现象较为普遍。由于采用割灌机修剪草高度全部依靠操作人员的手部控制，即使最熟练的工人也一定会出现草坪剪草高度不一致和"啃草"现象（剪草时几乎把所有的绿叶都剪走了），这样的修剪已完全违背了草坪修剪的"三分之一"原则，也大大超出了草坪能够耐受的能力，其后果就是严重削弱了草坪的生长势，草坪需要依靠残留茎或根中的储存能量才能支撑其重新萌出新芽和新叶，恢复生长。在草坪受损后，给杂草的入侵创造了很好的机会。这样每修剪一次，草坪就被削弱一次，杂草就增加许多，几次修剪后就将一块很好的草坪绿地沦为杂草丛生的荒地。

施肥

施肥是提供草坪植物营养的主要养护管理措施。一方面,草坪植物需要吸收全面的营养物质才能健康地生长。而另一方面,与其他植物不一样,草坪在建植成坪后,会进行日常的修剪,而草坪的品质是由留在地表的形成全面覆盖的草坪植物来决定的,修剪措施所剪去的草屑与草坪的质量没有直接的关系。施肥会促进草坪的生长,而草坪生长越快,修剪所带走的草屑越多,营养的损失就越大,肥料的利用率就越低。因此,理想的草坪是在成坪后既能满足草坪植物营养的基本需求,又让草坪的生长非常缓慢,避免造成额外的修剪,形成生长极其缓慢的健壮的草坪覆盖。

在草坪管理中,施肥时具体选择哪种肥料、何时施肥以及施肥量是多少等与多种因素相关,如草坪的用途、对草坪的质量要求、草坪草种类、土壤理化性质、天气状况、灌溉水平、修剪下的草屑是否移出草坪等。因此,草坪管理人员应针对不同的草坪制定相应的施肥计划,即确定一个生长季需要施用的肥料总量、施肥时间和每次施用的肥料数量,并根据草坪草生长的实际状况进行适当调整。

草坪草的营养需求

实践证明,因草坪利用的特殊性,与农作物以及牧草相比,草坪草对养分的需求有着鲜明的特色,如对氮的需要量特别多,对钾的需要量超常,对磷的需要量相对较少,而对其他元素也要求全面。在草坪生长季节,应主要追施氮肥,可适当施用磷钾肥或复合肥。

草坪肥料种类

肥料种类很多,按其性质可分为有机肥料和无机肥料两类。有机肥料如各种动物粪肥、骨粉、各种饼粕等。有机肥料中含有丰富的有机质和营养元素，养分完全，肥效长，同时也是很好的土壤改良剂。有机肥因含氮量低，且一般具有难闻的气味，多在草坪建植时作为基肥施用。无机肥料种类繁多，按所含营养成分可分为氮肥、磷肥、钾肥、复合肥及微量元素肥料。

由于草坪成坪后既要满足植物对养分的基本需求，又要尽可能避免施肥引起的草坪过快生长，因此，草坪肥料一般采用缓慢释放的肥料种类，在一次施肥后，养分能够持续释放1—2个月以上。

施肥时间

在草坪草的生长季节应对草坪进行施肥，以保证养分的持续稳定供应。当温度和水分状况均适宜草坪草生长的初期或期间是最佳的施肥时间，而当环境胁迫或病害胁迫时应避免施肥。

上海地区春季和秋季是冷季型草坪草生长的高峰期，适宜的施肥时间是早春和初秋两季。暖季型草坪草春季从休眠中慢慢返青恢复生长，到仲夏生长达到最高峰，而后随着气温的下降，生长开始变慢，秋季又开始进入休眠，整个冬季处于休眠状态。暖季型草坪草宜在晚春、仲夏、秋季施肥，晚春施肥有利于促进草坪返青，夏季施肥可提高草坪质量，秋季施肥可保证草坪越冬质量。

实践中，草坪施肥时间和次数常常取决于草坪养护管理水平。低养护管理的草坪，如每年只施用一次肥料，冷季型草坪宜安排在秋季，暖季型草坪则在初夏。中等养护管理的草坪，冷季型草坪草宜在春、秋季各施用一次，并伴有晚秋施肥；暖季型草坪草宜在晚春和仲夏各施用一次。精细养护管理的草坪，无论是冷季型草坪还是暖季型草坪，在草坪草快速生长的季节，最好每月施肥一次。

屋顶绿化草坪

施肥量

草坪施肥量无统一的规范模式可循，氮肥的施用量，因草坪养护管理水平、草坪草种及品种、草坪土壤状况等因素而变化很大。草坪管理人员应根据草坪颜色、修剪下的草屑量、草坪的整体外观等来确定每次的氮肥施入量。

不同的草坪养护管理水平，氮肥的施用量差别很大。一般来说，管理粗放的草坪，修剪量少，灌溉量也少，对草坪质量要求亦不高，因此需要施用的肥料数量也少，但为满足草坪草的生长需求，每个生长季至少要补充氮素 $5g/m^2$；而管理精细的草坪，为保证草坪的质量及其正常使用功能的发挥，需进行频繁修剪、灌溉和其他养护管理措施，因此对肥料的需要量要多得多，每个生长季需施用的氮素可高达 $50g/m^2$ 或更多；普通的绿化草坪，养护管理水平中等，一般每个生长季施用氮素 $10-20g/m^2$ 即可。同一草种中的不同品种，对氮肥的需要量也有一定差异，如狗牙根品种 'Texture10' 比 'Ormand' 需肥量高。对于需肥多的草坪草种及品种，必须有足够的肥料供应，否则草坪质量会下降。而需肥少的草种或品种，如果过量施肥，不仅不能提高草坪质量，反而会使草坪质量下降，且增加养护管理费用。

除了草坪养护水平、草坪草种或品种外，草坪生长土壤的状况也是影响肥料施用量的重要因素。砂质土壤保肥能力差，肥料易于通过渗漏损失，因此施肥量较壤土或黏土要大得多，施肥时也应少量多次施用或施用缓释肥料，以提高肥料的利用率。土壤 pH 值过高或过低都会影响某些元素的有效性，进而影响肥料的施用量。

此外，草坪修剪下的草屑是否移出草坪也是确定施肥总量时应考虑的重要因素。另外，频繁灌溉草坪也会增加土壤中养分的淋溶损失，从而增加草坪对肥料的需求。

草坪草对肥料的要求是全面的，虽然草坪草对氮肥的需要量最大，但在草坪施肥中，除非土壤中的磷钾肥含量特别丰富，一般不应单独施用氮肥，而是氮、磷、钾肥平衡施用。平衡施肥，合理配比氮、磷、钾肥，对草坪草的生长及提高抗逆性非常重要。一般来说，草坪对磷、钾肥的需要量分别为氮肥的 1/5 − 1/10、1/2 − 1/3，考虑到营养元素间在土壤中的淋溶、固定等差异，一般成熟草坪施肥的养分比例即 N: P_2O_5: K_2O 的比例以 4: 1: 3（其中氮肥的一半应为缓效氮肥）或相近比例为宜，并根据土壤的具体情况确定是否需要施用钙、镁、硫、铁、铜、锌等其他微量元素肥料。对于成熟草坪而言，一般每年施入 $5g/m^2$ 磷肥（以 P_2O_5 计）即可满足草坪草对磷肥的需要。钾肥虽然可以在一定程度上提高草坪草的抗逆性，但也不可一次施用过多，尤其是在砂质土壤上，否则可能会出现钙、镁等元素的缺乏。在实际工作中，应根据土壤养分测定结果并结合草坪的外观和长势等，适当调整施肥量及养分比例。如草坪叶色浓绿而柔软，表明氮肥充足；草坪草叶片挺直而具有弹性，表明富含磷钾肥。

施肥误区

草坪施肥应避免使用速效肥。一方面，速效肥的养分释放很快，一般在 3—5 天内就全部释放，若草坪植物没有全部吸收，会造成营养流失，造成面源污染的风险。另一方面，草坪吸收大量养分后，会形成一个急剧的生长高峰，加速的草坪生长非常容易突破草坪修剪的"三分之一"原则，就需要增加草坪的修剪频率才能维持草坪正常的景观和功能质量，大量修剪的草屑又将许多养分带离了草坪，造成严重的营养损失，形成"施肥——促进生长——增加修剪——养分损失——需要再次施肥"的恶性循环，这是草坪施肥的误区。

另外，速效肥的使用与修剪带走大量养分的修剪损失还会造成草坪根系的生长不良，由于草坪施肥与灌溉的操作都是作用在草坪的表层，草坪表层的根系首先吸收到营养与水分，较多的施肥与灌溉措施容易诱导草坪形成浅根系的草坪，造成草坪抗逆能力的下降。

灌溉

灌溉是补充草坪植物水分的主要养护管理措施。一般健康的草坪植物根系可达 20—50cm 深，草坪的根系能够吸收和利用土壤层的水分，然而当土壤层水分下降到临界点后，草坪植物叶片会出现缺水的萎蔫症状（萎蔫点），当萎蔫点出现时，必须及时灌溉，补充水分，否则草坪植物就会出现干旱损伤，严重时会导致草坪的全面干枯死亡（邱亦维和韩烈保，2002；孟兆祯，2012）。

与其他植物相比，草坪的抗旱性能相对较好，一般植物体的水分含量在 70%—85% 之间，而多数草坪植物的含水量在 60%—75% 之间，相对来说，草坪植物对水分的需求要略低于其他植物。

草坪要尽可能地利用土壤对自然降雨的吸持能力，来减少对灌溉的需求。当土壤吸足水分后（最大田间持水量），由于草坪植物的吸收和蒸腾、表面水分的蒸发，会形成"上干下湿"的土壤水分剖面梯度，这种梯度的维持有利于草坪根系向下层土壤生长，促进深根系的形成，一方面减少了草坪对灌溉的需求，另一方面也提高了草坪的抗逆能力。

灌溉时间和要求

当土壤中的水分达到草坪的灌溉临界点（萎蔫点）时，就需要进行灌溉。由于草坪的灌溉水分是向草坪表层补充水分（喷灌或人工浇水），水分首先到达土壤表层，然后向下渗透，因此，草坪的灌溉要求深灌，一次灌溉要灌透整个土壤层，这样才能形成"上干下湿"的土壤水分剖面梯度，维持草坪的深根系，提高草

世纪公园

坪的抗逆性。

在生长季节，草坪灌溉应尽可能安排在早晨。这是因为中午阳光强烈，水分蒸发损失大；而傍晚灌溉蒸发量小，也有利于草坪草的利用，但会使草坪整夜处于潮湿状态下，病原菌生命活动旺盛，容易引发病害。早晨浇水不仅蒸发损失小，而且可以通过浇水去掉草坪上的露水和植物吐水，可以减少草坪发病率。

灌溉误区

草坪灌溉要避免浅灌和频繁灌溉。若一次灌溉没有灌透整个土壤层，就会形成"上湿下干"的土壤剖面水分梯度，这种水分梯度会诱导草坪的根系大量分布在土壤表层，形成浅根系。一旦形成草坪的浅根系，草坪对土壤水分的吸收能力就会下降，当表层土壤水分吸收不能满足草坪需要时，叶片就会出现萎蔫，萎蔫点的提早出现，就需要更频繁的灌溉来避免草坪的干旱伤害，形成"浅灌溉——浅根系——更频繁的灌溉需求"的恶性循环。

草坪常见杂草的发生与防除

草坪常见杂草

草坪杂草种类繁多，据不完全统计，草坪上发生与危害的杂草约有450余种（徐凌彦，2015）。根据其发生危害时期，可归类为夏季杂草和冬春季杂草两大类。

（1）夏季杂草

一般在4月至8月大量发生，夏季为其生长高峰，也是最主要的危害期，秋季随着气温下降逐渐开花结籽，冬季冷空气来临后杂草死亡，多年生杂草则表现为地上部分死亡，营养转入地下根茎越冬。

夏季杂草危害最严重的是一年生禾本科杂草，主要有：

马唐（*Digitaria sanguianlis*）；

牛筋草（*Eleusine indica*）；

臂形草（*Brachiaria eruciformis*）；

狗尾草（*Setaria viridis*）；

稗草（*Echinochloa crusgalli*）；

千金子（*Leptochloa chinensis*）；

双穗雀稗（*Paspalum distichum*）；

铺地黍（*Panicum repens*）；

白茅（*Imperata cylindrica*）；

棒头草（*Polypogon fuga*）；

菵草（*Beckmannia syzigachne*）等。

也有一些双子叶的阔叶杂草，如：

萹蓄（*Polygonum aviculare*）；

酸模叶蓼（*Polygonum lapathifolium*）；

灰绿藜（*Chenopodium glaucum*）；

水花生（*Alternanthera philoxcroides*）；

草坪被杂草侵占

杂草影响草坪景观

马齿苋（*Portulaca oleracea*）；

匍匐委陵菜（*Potentilla reptans*）；

三叶草（*Trifolium repens*）；

泽漆（*Euphorbia helioscopia*）；

葎草（*Humulus scandens*）；

地锦（*Euphorbia humifusa*）；

天胡荽（*Hydrocotyle sibthorpioides*）；

打碗花（*Calystegia hederacea*）；

马蹄金（*Dichondra micrantha*）；

龙葵（*Solanum nigrum*）；

车前（*Plantago asiatica*）等。

夏季也是莎草科杂草发生与危害的高峰期，主要有：

香附子（*Cyperus rotundus*）；

异型莎草（*Cyperus difformis*）；

碎米莎草（*Cyperus iria*）；

水蜈蚣（*Kyllinpa brevifolia*）；

球柱草（*Bulbostylis barbata*）等。

夏季杂草发生种类较多，发生量极大，若不能及时防除，可导致草坪在很短时间内被杂草侵占，造成草坪荒芜。

(2) 冬春季杂草

冬春季杂草的发生时期较长, 可从 9 月份高温刚刚退去一直持续到来年的 4 月份。春季气温回升后是其生长高峰期, 也是最主要的危害期, 到 5 月气温升高后开花结籽, 一般在 6 月份逐渐死亡。

冬春季杂草以阔叶类杂草为主, 主要有:

一年蓬 (*Erigeron annuus*);

小飞蓬 (*Comnyza canadensis*);

香丝草 (*Erigeron bonariensis*);

泥胡菜 (*Hemistepta lyrata*);

山苦荬 (*Sonchus oleraceus*);

繁缕 (*Stellaria media*);

蒲公英 (*Taraxacum mongolicum*);

刺儿菜 (*Cirsium arvense* var. *integrifolium*);

球序卷耳 (*Cerastium glomeratum*);

牛繁缕 (*Myosoton aquaticum*);

毛叶老牛筋 (*Arenaria capillaris*);

毛茛 (*Ranunculus sieboldii*);

荠菜 (*Capsella bursa-pastoris*);

大巢菜 (*Vicia sativa*);

附地菜 (*Trigonotis peduncularis*);

婆婆纳 (*Veronica polita*);

蚊母草 (*Veronica peregrina*);

通泉草 (*Mazus japonicus*);

猪殃殃 (*Galium spurium*) 等。

冬春季禾本科杂草种类不多, 主要有:

一年生早熟禾;

看麦娘 (*Alopecurus aequalis*);

硬草（*Sclerochloa dura*）等。

尽管禾本科杂草种类不多，但由于其与冷季型草坪的生长习性相似，而且繁殖系数极高，常会形成非常严重的危害。

常见禾本科草坪杂草：

白茅　　　　　　　　狗尾草

马唐　　　　一年生早熟禾　　　牛筋草

常见莎草科草坪杂草：

牛毛毡　　　　　　　水蜈蚣

香附子　　　　　　　异型莎草

常见阔叶类草坪杂草:

白车轴草　斑地锦　宝盖草　车前草

荔枝草　毛茛　婆婆纳　蒲公英

一年蓬　一枝黄花　泽漆　猪殃殃

翅果菊　酢浆草　大巢菜　苦苣菜

球序卷耳　水花生

小飞蓬　　　　　　　　野老鹳草　　　　　　　裸花水竹叶

草坪杂草的防除方法

目前常用的草坪杂草防除方法主要有人工拔草和化学除草两种。人工拔草除草的效率过低，而且劳动力成本太高，另外，人工拔草后会在密集的草坪上留下空隙，这些空隙又会给杂草的入侵创造机会，多数情况下人工拔草的空隙处在6—10天后会有大量的杂草幼苗萌发，形成杂草"越拔越多"恶性循环现象，因此草坪杂草一般不建议用人工拔草的方法（王宝宁和赵楠，2004）。

草坪除草最理想的方法是：养护好健康的草坪，使草坪形成致密的地面覆盖层，来抑制杂草的发生与危害。不同的草坪植物在地表形成的草坪覆盖层会有所差异，暖季型草坪中，沟叶结缕草、上海结缕草、兰引三号结缕草、'平民'假俭草、'球道'假俭草等对杂草具有较强的抗入侵能力，一般草坪成坪后杂草的发生数量较少，杂草防除相对比较容易。杂交百慕大（矮生百慕大、Tifway 419等）、海滨雀稗（Salam、SeaIsle 2000等）草坪上发生的杂草数量较多，需要频繁的杂草防除才能维持较高的草坪质量。

化学除草即通过喷施化学除草剂破坏杂草的生理过程，从而达到防除杂草的目的（谢爱文等，2003）。化学除草是目前最常用的草坪杂草防除方法。由于草坪和杂草都是植物，化学除草剂既要能够高效地控制杂草的发生与危害，又要对草坪非常安全，因此对化学除草剂的选择非常重要，建议针对具体的草坪植物种类及其草坪上发生的杂草类型来选择经过专业研究的草坪除草剂。

禾本科杂草防除，可选择二甲戊乐灵、氨氟乐灵等芽前封闭除草剂。注意：施药后，要及时浇水，药剂在土壤中形成封闭药层，处于药层中的杂草种子萌发后，接触药物即被杀死。针对已出土的禾本科杂草，可选择二氯喹啉酸，所有草坪都能使用，安全性高。结缕草、高羊茅草坪上可使用精恶唑禾草灵、氟吡甲禾灵，这两种除草剂对结缕草、高羊茅较安全。

对于莎草科杂草的防除，暖季型草坪草（海滨雀稗除外）可使用啶嘧磺隆、三氟啶磺隆，而冷季型草坪草不适合使用。冷季型草坪草和暖季型草坪草都可以使用氯吡嘧磺隆，但是药效略差一些。

阔叶类杂草的防除，可使用恶草酮、苯达松、二甲四氯钠、使它隆、二氯吡啶酸等除草剂。值得注意的是，二甲四氯钠漂移厉害，施用时要格外小心，防止其伤害草坪周边的阔叶植物。对于菊科杂草，使它隆的防除效果不太理想，二氯吡啶酸对菊科杂草防除效果好。

常见草坪病虫害及其防治

上海地区暖季型草坪上发生的病害相对较少。杂交百慕大草坪上较易发生春季死斑病、叶枯病，海滨雀稗草坪上较易发

杂交百慕大春季死斑病

杂交百慕大春季死斑病

生大斑病、腐霉枯萎病、币斑病,结缕草草坪上容易发生大斑病,假俭草草坪上则很少有病害发生。

　　杂交百慕大春季死斑病一般发生在建植后4—5年的草坪上,而且会随着草坪枯草层的积累而逐渐严重(王海英和王兆龙,2006)。春季死斑病的病原菌为小球腔菌,对草坪的危害一般是间接的。感染小球腔菌的百慕大草坪在冬季休眠时,需要抵抗病菌,其能量消耗较大,而其休眠的匍匐茎和根状茎中所储存的能量有限,一旦储存的能量全部被消耗之后,到了春季,休眠茎就失去了萌发的能力,表现出枯死的斑块状。由于小球腔菌从

海滨雀稗大斑病

海滨雀稗币斑病

草地早熟禾腐霉病

春季到秋季都能够感染百慕大草坪, 对病菌感染的预防相对比较困难, 华东地区一般在 9 月、10 月中旬各使用一次药剂灌根处理进行预防, 药剂有嘧菌酯、丙环唑、戊唑醇等。目前一些杀菌剂（控死斑系列）对百慕大春季死斑病虽然有一些效果, 但年份之间并不稳定。

海滨雀稗的大斑病、腐霉枯萎病、币斑病主要发生在春季或秋季, 大斑病是由立枯丝核菌引起的病害, 目前控制大斑病的主要杀菌剂有: 百菌清、嘧菌酯、异菌脲、杀毒矾、丙环唑等, 枯草芽孢杆菌等生防制剂对草坪大斑病也有较好的预防和治疗效果。腐霉枯萎病是由腐霉菌引起的病害,目前控制腐霉枯萎病的主要杀菌剂有:三乙膦铝、霜霉威、甲霜灵、精甲霜灵、嘧菌酯、亚磷酸盐等,枯草芽孢杆菌等生防制剂对草坪腐霉枯萎病也有较好的预防和治疗效果。币斑病是叶部病害,目前控制草坪币斑病的主要杀菌剂有:丙环唑、戊唑醇、氟唑菌酰羟胺、异菌脲、苯菌灵、福美双等,木霉菌等生防制剂对草坪币斑病也有一定的控制作用。

　　草地早熟禾、多年生黑麦草、高羊茅等冷季型草坪容易发生褐斑病、锈病、黏菌病等。此外,所有草坪上经常发生仙环病,又叫蘑菇圈,通常出现在夏秋季节,病原菌主要活动于草坪根部,可使土壤疏水,从而造成草坪草脱水。

草坪褐斑病　　草地早熟禾锈病

草地早熟禾黏菌　　草坪蘑菇圈

蝼蛄

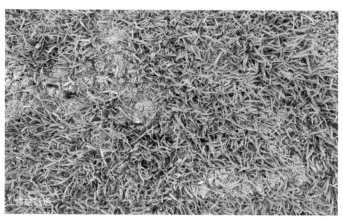
蝼蛄啃过

蛴螬

蛴螬·铜绿丽金龟

鳞翅目夜蛾类幼虫

　　上海地区暖季型草坪上发生的虫害主要有：蝼蛄、蛴螬、夜蛾类食叶性幼虫。其中以杂交百慕大草坪发生的虫害最为严重，夜蛾类幼虫暴发时能够一晚上吃光草坪所有的叶片，食叶性害虫很少危害结缕草和假俭草草坪。

　　草坪上的夜蛾类食叶性害虫防治相对比较容易，一般可用菊酯类以及氯虫苯甲酰胺、茚虫威、阿维菌素、甲维盐等杀虫剂进行防治。蝼蛄、蛴螬等草坪地下害虫的防治相对比较困难，需要在害虫在草坪根部取食时用杀虫剂灌根的方法来防治。对蛴螬有效的常用杀虫剂有：吡虫啉、联苯菊脂、氟虫腈、噻虫胺、噻虫嗪、敌百虫等，对蝼蛄有效的常用杀虫剂有敌百虫和茚虫威。

其他养护措施

在草坪草品种选择适当的情况下，园林草坪通常仅需要采取合理的浇水、施肥、修剪、杂草和病虫害防治等主要养护技术措施，就能得到较高的草坪质量。但实际情况中，仍有一些草坪养护质量差，需要借助一些辅助养护措施来提高草坪质量，如铺砂、打孔等。

铺砂（土）

铺砂也称表施土壤，将一层薄砂或碎土等均匀施入草坪表面。铺砂可改善草坪表土的物理性状，控制枯草层，促进草坪生长，平整坪床表面。铺砂作业不属于日常养护措施，在控制枯草层、平整坪面时或填充空心锥打孔后的空隙时才进行。

在时间上，暖季型草坪宜在 4—7 月和 9 月，冷季型草坪宜在 3—6 月和 10—11 月进行铺砂。铺砂次数应根据草坪的利用目的和草坪草的生长特点来定，粗放型草坪一般不铺砂或 2—3 年铺砂一次，精细管理的草坪可每年铺砂 1—2 次。

铺砂

铺砂专用机械

所铺砂（土）的粒径应与原坪床土壤结构相似。小面积草坪可采用人工铺砂，用铁锹将砂子撒开，用扫帚扫平。大面积铺砂须用铺砂专用机械。铺砂前必须进行剪草，铺砂后用金属刷进行拖耙，将砂耙入草坪根部。一次铺砂厚度一般为 0.2—0.5cm。铺砂也可以和施肥相结合，可先施肥后铺砂。

打孔

打孔是用专门机具在草坪上打许多孔洞，打孔的主要目的是疏松土壤，改善坪床土壤的通气透水性（王振坤和王倩,2014）。草坪应根据土壤紧实度进行打孔作业，一般在草坪草生长旺盛时期进行打孔，避开炎热的夏季。

大面积草坪打孔可用打孔机，小面积可用挖掘叉进行，孔径一般在 0.6—1.9cm 之间，孔距一般在 5—15cm 之间，孔的深度可达 5—10cm。打孔后，辅助铺砂、施肥和灌溉措施，有利于草坪迅速生长。打孔后的芯土可以清除，也可以留在草坪上，待晒干粉碎后，重新回填到孔洞中。

打孔（实心孔）

打孔（空心孔）

三、园林绿化草坪养护月历（含百慕大草坪、结缕草草坪、海滨雀稗草坪、假俭草草坪）

目前上海市园林草坪中应用最为广泛的草坪品种为矮生百慕大（Tifdwarf），据不完全统计，其应用面积约占上海市总草坪面积的 90% 以上。然而，矮生百慕大只适用于非常精细养护的草坪，需要满足表 4-4（不交播，冬季枯黄）或表 4-5（交播多年生黑麦草，四季常绿）的养护要求，才能展现出矮生百慕大草坪优良的特性，维持草坪的正常功能。因此，矮生百慕大只能应用于养护经费非常充足、草坪景观质量要求高、草坪坪床非常平整（高低误差小于 0.5cm）、修剪高度能够维持在 1.5cm 以下、生长季节每周至少能够剪草 1—2 次的高档观赏型草坪或开放型草坪。

在现实中，普通的园林绿化草坪的养护管理根本不能达到矮生百慕大草坪的要求，造成了当前上海园林草坪质量普遍较差的现状，这是一个极其严重的草坪养护条件与草种特性完全不相符的应用误区。目前上海普通园林草坪的剪草频率只有每月 1—2 次，而矮生百慕大草坪垂直生长速度快，每次剪草都会远远高于草坪修剪"三分之一"的最高原则，每次剪草基本上把草坪所有的绿叶层都剪走了，只留下一片枯茎和许多空隙；尽管矮生百慕大的再生能力较强，其匍匐茎和根状茎上的休眠芽能够萌发再长出新叶，但这种再生需要消耗草坪内贮存的大量能量，消弱草坪的抗逆性能。在杂草发生季节，这种伤害式剪草会导致草坪逐渐演变为杂草丛生的荒草地。另外，夜蛾类害虫的高发、林木或建筑的遮荫、春季死斑病的逐年加重均会加速矮生百慕大

百慕大草坪叶片修剪走后，剩余大量枯茎

草坪的退化，许多管理不当的矮生百慕大草坪在短短的几年之内就失去了草坪应有的生态与休憩功能。

因此，对于无法达到表 4-4 和表 4-5 所列的养护管理月历要求的普通园林绿化草坪，不应选择矮生百慕大，应该选择更适合于园林绿化的 Tifway 419 或其他草坪草种（品种）。

百慕大草坪养护月历
（含观赏型、开放型草坪养护）

杂交百慕大品种：矮生百慕大（Tifdwarf）

矮生百慕大是 1965 年美国针对高尔夫球场果岭选育出来的杂交百慕大草坪品种，在 4—5mm 的低修剪条件下能够表现出较好的果岭推杆效果，其最适的剪草高度为 8—15mm，因此，也可用于高尔夫球场发球台或球道区域。

矮生百慕大具有质地细腻，草坪密度高，草皮轻薄、紧实、生长快等优点，作为草皮生产，具有较明显的优势——草皮生产周期短、草皮轻薄平整、质量较高，受到草皮生产商的喜爱。但矮生百慕大存在抗虫性差、春季死斑病严重、不耐荫、对肥料要求较高、需要频繁的低修剪等明显缺陷，需要比较精细的养护管理才能达到该草坪品种应有的效果。因此，矮生百慕大只适用于具备精细养护管理条件的高档景观草坪，其规范化的养护管理措施见表 4-4 和表 4-5。

表 4-4　矮生百慕大（Tifdwarf）草坪养护管理月历

月份	养护措施			
	剪草 （高度≤15mm）	施肥	灌溉	其他
1	不剪草（冬季休眠期）			冬季杂草防除
2	不剪草（冬季休眠期）			
3	草坪刚开始返青时,剪草1次,剪去上层的枯草,促进返青。	施肥1次,2—4gN/m²,促进草坪返青		
4	1—2次（草坪生长较慢）	施肥1次,1—2gN/m²,提高草坪质量		
5	2—3次（草坪生长较慢）	施肥1次,1—2gN/m²,提高草坪质量		夏季杂草防除
6	4—8次（气温上升,草坪长势加快）	施肥1次,1—2gN/m²,提高草坪质量	根据降雨情况,酌情灌溉。灌溉原则:不干不灌水,每次灌水灌透根层30cm深的土壤。	梅雨季节铺砂1次
7	8—10次（夏季生长高峰期）	施肥1次,1—2gN/m²,提高草坪质量		若草坪践踏板结,应打孔通气;若枯草层过厚,应疏草,去枯草。 注意蛴螬的防治。
8	8—10次（夏季生长高峰期）	施肥1次,1—2gN/m²,提高草坪质量		
9	4—6次（气温开始下降,草坪长势开始放缓）	施肥1次,1—2gN/m²,保证草坪越冬质量		
10	2—3次（草坪生长缓慢）	施肥1次,2—4gN/m²,保证草坪越冬质量		食叶性害虫的防治;春季死斑病的预防;冬季杂草防除。
11	不剪草（草坪生长停滞）			
12	不剪草（冬季休眠期）			

表 4-5　秋季交播多年生黑麦草的矮生百慕大草坪养护管理月历

月份	养护措施			
	剪草	施肥	灌溉	其他
1	1—2次(气温低,黑麦草生长几乎停滞,剪草高度20—30 mm)			冬季杂草防除
2	2—3次(气温低,黑麦草生长缓慢,剪草高度20—30 mm)			
3	8—10次(黑麦草开始快速生长,剪草高度降到12 mm以下)	控肥	控水;抑制黑麦草生长,促进矮生百慕大草坪转换。	
4	10—12次(频繁剪草,剪草高度≤12 mm)	控肥		疏草;降低多年生黑麦草密度,促进矮生百慕大返青。
5	10—12次(频繁剪草,剪草高度≤12 mm)	控肥		
6	8—10次(梅雨季节,剪草高度升到15 mm)	高温来临后,施肥1次,2—4gN/m²,促进矮生百慕大补满黑麦草退出后的空隙		夏季杂草防除
7	6—8次(夏季生长高峰期)	施肥1—2次,每次1—2gN/m²缓释肥,促进矮生百慕大盖度恢复	根据降雨情况,酌情灌溉。灌溉原则:不干不灌水,每次灌水灌透根层30cm深的土壤。	若草坪践踏板结,应打孔通气;若枯草层过厚,应疏草,去枯草。注意蛴螬的防治。
8	6—8次(夏季生长高峰期)	施肥1次,1—2gN/m²缓释肥,提高草坪质量		
9	4—6次(逐渐降低剪草高度至12 mm)	施肥1次,2—4gN/m²缓释肥		食叶性害虫的防治;春季死斑病的预防。
10	2—4次(交播黑麦草,交播前低修剪;交播后等黑麦草长至30mm左右时恢复剪草,高度升到20—30 mm)	黑麦草齐苗后追施肥1—2次,每次2—4gN/m²,改用速效复合肥,促进黑麦草立苗	交播后第一周,每天灌溉3—4次,保持水分湿润直至出苗。出苗后根据根系生长情况,逐渐降低灌溉次数。	10月上旬交播多年生黑麦草
11	4—6次(剪草高度维持在20—30 mm)	施肥1次,2—3gN/m²,速效复合肥	根据降雨情况,酌情灌溉	冬季杂草防除
12	2—3次(剪草高度维持在20—30 mm)			

表 4-6　Tifway 419 百慕大草坪养护管理月历

月份	养护措施			
	剪草 (高度20—50mm)	施肥	灌溉	其他
1	不剪草(冬季休眠期)			冬季杂草防除
2	不剪草(冬季休眠期)			
3	草坪刚开始返青时,剪草1次,剪去上层的枯草,促进返青	施肥1次,2—4gN/m²,促进草坪返青		
4	1—2次(草坪生长较慢)			夏季杂草防除
5	2—3次(草坪生长较慢)	施肥1次,1—2gN/m²,提高草坪质量		
6	4—5次(气温上升,草坪长势加快)		根据降雨情况,酌情灌溉。灌溉原则:不干不灌水,每次灌水灌透根层30cm深的土壤。	梅雨季节铺砂1次
7	4—6次(夏季生长高峰期)			若草坪践踏板结,应打孔通气;若枯草层过厚,应疏草,去枯草。 注意蛴螬的防治。
8	4—6次(夏季生长高峰期)			
9	4—5次(气温开始下降,草坪长势开始放缓)	施肥1次,2—4gN/m²,保证草坪越冬质量		食叶性害虫的防治;春季死斑病的预防。冬季杂草防除。
10	1—2次(草坪生长缓慢)			
11	不剪草(草坪生长停滞)			
12	不剪草(冬季休眠期)			

表 4-7　秋季交播多年生黑麦草的 Tifway 419 百慕大草坪养护管理月历

月份	养护措施			
	剪草	施肥	灌溉	其他
1	1—2次 (气温低,黑麦草生长几乎停滞)			冬季杂草防除
2	2—3次 (气温低,黑麦草生长缓慢)			
3	8—10次 (黑麦草开始快速生长,剪草高度降到12 mm以下)	控肥	控水;抑制黑麦草生长,促进百慕大草坪转换。	
4	10—12次 (频繁剪草,剪草高度≤12 mm)	控肥		疏草;降低多年生黑麦草密度,促进百慕大返青。
5	10—12次 (频繁剪草,剪草高度≤12 mm)	控肥		
6	4—8次 (梅雨季节剪草高度升到15—20mm)		根据降雨情况,酌情灌溉。灌溉原则:不干不灌水,每次灌水灌透根层30cm深的土壤。	夏季杂草防除
7	4—6次 (夏季生长高峰期,剪草高度升到30—50mm)	施肥2—3次,每次1—2gN/m²,促进百慕大盖度恢复,提高草坪质量		若草坪践踏板结,应打孔通气;若枯草层过厚,应疏草,去枯草。注意蛴螬的防治。
8	4—6次 (夏季生长高峰期,剪草高度30—50 mm)			
9	4—6次 (逐渐降低剪草高度至15 mm)	施肥1次,2—4gN/m²缓释肥		食叶性害虫的防治;春季死斑病的预防。
10	2—4次 (交播黑麦草,交播前低修剪;交播后等黑麦草长至30mm左右时恢复剪草,高度升到20—30 mm)	黑麦草齐苗后追施肥1—2次,每次2—4gN/m²,改用速效复合肥,促进黑麦草立苗	交播后第一周,每天灌溉3—4次,保持水分湿润直至出苗。出苗后根据根系生长情况,逐渐降低灌溉次数。	10月上旬交播多年生黑麦草
11	4—6次 (剪草高度维持在20—30 mm)	施肥1次,2—3gN/m²,速效复合肥	根据降雨情况,酌情灌溉	冬季杂草防除
12	2—3次 (气温低,黑麦草生长缓慢)			

结缕草草坪养护月历
（含观赏型、开放型草坪养护）

表 4-8　马尼拉结缕草草坪养护管理月历

月份	养护措施			
	剪草 (高度20—50mm)	施肥	灌溉	其他
1	不剪草(冬季休眠期)		根据降雨情况,酌情灌溉。灌溉原则:不干不灌水,每次灌水灌透根层30cm深的土壤。	冬季杂草防除
2	不剪草(冬季休眠期)			
3	草坪刚开始返青时,剪草1次,剪去上层的枯草,促进返青。剪草高度20—30mm	施肥1次,2—4gN/m²,促进草坪返青		
4	1—2次(草坪生长较慢)			
5	1—2次(草坪生长较慢)			夏季杂草防除
6	1—3次(气温上升,草坪长势加快)			
7	2—3次(夏季生长高峰期)			若草坪践踏板结,应打孔通气;若枯草层过厚,应疏草,去枯草。 注意蛴螬的防治。
8	2—3次(夏季生长高峰期)			
9	1—2次(气温开始下降,草坪长势开始放缓)	施肥1次,2—4gN/m²,保证草坪越冬质量		
10	不剪草(草坪生长缓慢)			冬季杂草防除
11	不剪草(草坪生长停滞)			
12	不剪草(冬季休眠期)			

表 4-9 日本结缕草草坪养护管理月历

月份	养护措施			
	剪草 (高度40—60mm)	施肥	灌溉	其他
1	不剪草(冬季休眠期)			
2	不剪草(冬季休眠期)			冬季杂草防除
3	草坪刚开始返青时,剪草1次,剪去上层的枯草,促进返青。剪草高度40—50mm。	施肥1次,2—4gN/m²,促进草坪返青		
4	1次(草坪生长较慢)			
5	1次(草坪生长较慢)			夏季杂草防除
6	1—2次(气温上升,草坪长势加快)		根据降雨情况,酌情灌溉。灌溉原则:不干不灌水,每次灌水灌透根层30cm深的土壤。	
7	1—2次(夏季生长高峰期)			若草坪践踏板结,应打孔通气;若枯草层过厚,应疏草,去枯草。 注意蛴螬的防治。
8	2—3次(夏季生长高峰期)			
9	1次(气温开始下降,草坪长势开始放缓)	施肥1次,2—4gN/m²,保证草坪越冬质量		
10	不剪草(草坪生长缓慢)			冬季杂草防除
11	不剪草(草坪生长停滞)			
12	不剪草(冬季休眠期)			

海滨雀稗草坪养护月历
（含观赏型、开放型草坪养护）

表 4-10　海滨雀稗草坪养护管理月历

| 月份 | 养护措施 | | | |
	剪草 (高度20—50mm)	施肥	灌溉	其他
1	不剪草(冬季休眠期)			冬季杂草防除
2	不剪草(冬季休眠期)			
3	草坪刚开始返青时,剪草1次,剪去上层的枯草,促进返青	施肥1次,2—4gN/m²,促进草坪返青		
4	1—2次(草坪生长较慢)			春季病害(褐斑病、币斑病、腐霉病)防除。夏季杂草防除。梅雨季节铺砂1次。
5	2—3次(草坪生长较慢)	施肥1次,1—2gN/m²,提高草坪质量	根据降雨情况,酌情灌溉。灌溉原则:不干不灌水,每次灌水灌透根层30cm深的土壤。	
6	4—5次(气温上升,草坪长势加快)			
7	4—6次(夏季生长高峰期)			若草坪践踏板结,应打孔通气;若枯草层过厚,应疏草,去枯草。 注意蛴螬的防治。
8	4—6次(夏季生长高峰期)			
9	4—5次(气温开始下降,草坪长势开始放缓)	施肥1次,2—4gN/m²,保证草坪越冬质量		秋季病害(褐斑病、币斑病、腐霉病)防除;食叶性害虫的防治。
10	1—2次(草坪生长缓慢)			
11	不剪草(草坪生长停滞)			冬季杂草防除
12	不剪草(冬季休眠期)			

表 4-11　秋季交播多年生黑麦草的海滨雀稗草坪养护管理月历

月份	养护措施			
	剪草	施肥	灌溉	其他
1	1—2次(气温低,黑麦草生长几乎停滞)			冬季杂草防除
2	2—3次(气温低,黑麦草生长缓慢)			
3	8—10次(黑麦草开始快速生长,剪草高度降到12 mm以下)	控肥	控水;抑制黑麦草生长,促进海滨雀稗草坪转换。	
4	10—12次(频繁剪草,剪草高度≤12 mm)	控肥		疏草降低多年生黑麦草密度,促进海滨雀稗返青。
5	10—12次(频繁剪草,剪草高度≤12 mm)	控肥		
6	4—8次(梅雨季节剪草高度升到15—20mm)			夏季杂草防除
7	4—6次(夏季生长高峰期,剪草高度升到30—50mm)	施肥2—3次,每次1—2gN/m²,促进海滨雀稗盖度恢复,提高草坪质量	根据降雨情况,酌情灌溉。灌溉原则:不干不灌水,每次灌水灌透根层30cm深的土壤。	若草坪践踏板结,应打孔通气;若枯草层过厚,应疏草,去枯草。注意蛴螬的防治。
8	4—6次(夏季生长高峰期,剪草高度维持在30—50mm)			
9	4—6次(逐渐降低剪草高度至15 mm)	施肥1次,2—4gN/m²缓释肥		食叶性害虫的防治;秋季病害防除。
10	2—4次(交播黑麦草,交播前低修剪;交播后等黑麦草长至30mm左右时恢复剪草,高度升到20—30 mm)	黑麦草齐苗后追施肥1—2次,每次2—4gN/m²,改用速效复合肥,促进黑麦草立苗	交播后第一周,每天灌溉3—4次,保持水分湿润直至出苗。出苗后根据根系生长情况,逐渐降低灌溉次数。	10月上旬交播多年生黑麦草
11	4—6次(剪草高度维持在20—30 mm)	施肥1次,2—3gN/m²,速效复合肥	根据降雨情况,酌情灌溉	冬季杂草防除
12	2—3次(气温低,黑麦草生长缓慢)			

表 4-12　假俭草草坪养护管理月历

月份	养护措施			
	剪草 (高度40—80mm)	施肥	灌溉	其他
1	不剪草(冬季休眠期)			冬季杂草防除
2	不剪草(冬季休眠期)			
3	草坪刚开始返青时,剪草1次,剪去上层的枯草,促进返青	施肥1次,2—4gN/m²,促进草坪返青		
4	不剪草(草坪生长较慢)		根据降雨情况,酌情灌溉。灌溉原则:不干不灌水,每次灌水灌透根层30cm深的土壤。	
5	不剪草(草坪生长较慢)			
6	0—1次(气温上升,草坪长势加快)			夏季杂草防除
7	1次(夏季生长高峰期)			
8	1次(夏季生长高峰期)			
9	0—1次(气温开始下降,草坪长势开始放缓)			
10	不剪草(草坪生长缓慢)	施肥1次,2—4gN/m²,保证草坪越冬质量		
11	不剪草(草坪生长停滞)			冬季杂草防除
12	不剪草(冬季休眠期)			

表 4-13　秋季交播多年生黑麦草的假俭草草坪养护管理月历

月份	养护措施			
	剪草	施肥	灌溉	其他
1	不剪草(气温低,黑麦草生长几乎停滞)			冬季杂草防除
2	不剪草(气温低,黑麦草生长缓慢)			
3	4—6次(黑麦草开始快速生长,剪草高度降到12 mm以下)	控肥	控水;抑制黑麦草生长,促进假俭草坪转换。	
4	8—10次(频繁剪草,剪草高度15—20 mm)	控肥		疏草;降低多年生黑麦草密度,促进假俭草返青。
5	8—10次(频繁剪草,剪草高度15—20 mm)	控肥		
6	4—8次(梅雨季节剪草高度升到30—40mm)			
7	1次(夏季生长高峰期,剪草高度升到40—80mm)	施肥 2—3次,每次1—2gN/m²,促进假俭草盖度恢复,提高草坪质量	根据降雨情况,酌情灌溉。灌溉原则:不干不灌水,每次灌水灌透根层30cm深的土壤。	夏季杂草防除
8	1次(夏季生长高峰期,剪草高度升到40—80mm)			
9	1次(夏季生长高峰期,剪草高度降至20 mm)			
10	2—3次(交播黑麦草,交播前低修剪;交播后等黑麦草长至30mm左右时恢复剪草,高度升到20—30 mm)	黑麦草齐苗后追施肥1—2次,每次2—4gN/m²,改用速效复合肥,促进黑麦草立苗	交播后第一周,每天灌溉3—4次,保持水分湿润直至出苗。出苗后根据根系生长情况,逐渐降低灌溉次数。	10月上旬交播多年生黑麦草
11	4—6次(剪草高度维持在20—30 mm)	施肥1次,2—3gN/m²,速效复合肥	根据降雨情况,酌情灌溉。	冬季杂草防除
12	2—3次(气温低,黑麦草生长缓慢)			

矮生百慕大草坪景观效果

本章参考文献

刘及东，陈秋全，焦念智. 草坪质量评定方法的研究 [J]. 内蒙古农牧学院学报 ,1999(2):49-53.

闫磊，杨德江. 草坪质量的模糊综合评判法研究 [J]. 草业科学, 2003, 20（5）：54-56.

高晓萍. 北方草坪养护管理技术 [J]. 内蒙古林业调查设计 ,2007,30(3):45-46.

黄彩明，曹平，蒋荣华. 草坪延长绿色期的研究 [J]. 安徽农业科学 ,2008(24):10428-10430.

邱亦维，韩烈保. 灌溉对草坪草生长发育的影响 [J]. 草原与草坪 ,2002(2):19-21.

徐凌彦. 草坪建植与养护技术 [M]. 化学工业出版社 , 2015.

孟兆祯. 风景园林工程 [M]. 中国林业出版社 ,2012.

王宝宁，赵楠. 草坪杂草防除方法及常用除草剂 [J]. 贵州畜牧兽医 ,2004,28(4):38-39.

谢爱文，贺文光，刘细燕. 绿地草坪杂草的防除方法探讨 [J]. 江西林业科技 ,2003,(1):17-18,39.

王振坤，王倩. 园林草坪养护管理技术 [J]. 现代园艺, 2014,(2):204.

王海英，王兆龙. 百慕大草坪春季坏死病研究进展. 草坪与地被科学进展论文汇编 , 2006, 125-129.

以黑麦草为例的
草坪交播技术
第五章

由于暖季型草坪在气温低于13℃时会出现草坪休眠，地上部分茎叶中的养分会逐渐分解，转运到地下根状茎或地表匍匐茎中储藏起来，以度过寒冷的冬天。休眠草坪的地上部分茎叶会失绿枯黄，影响草坪的景观效果，除了其匍匐茎和根状茎的固土作用外，其他光合、蒸腾等生态功能也基本丧失。草坪交播是气候过渡带地区实现草坪四季常绿采取的一种常规方法。

草坪交播（Overseeding）是在成坪的暖季型草坪之上，采取播种冷季型草坪种籽的措施，并在暖季型草坪休眠枯黄之前，由冷季型草籽萌发出苗，形成完整冷季型草坪覆盖，并保持冬季草坪的绿色，从而实现草坪一年四季常绿的一种模式（马进等，2003）。

本章将以黑麦草为例，对草坪交播技术进行讲解。

一、交播草坪成功的关键指标

交播是否成功，主要从以下几方面进行评估：

（1）在暖季型草坪休眠枯黄之前，交播的冷季型草坪萌发出苗，并完全成坪，即形成完整的绿色覆盖；

（2）交播所用的冷季型草坪品种能够在寒冷的冬季保持漂亮的绿色；

（3）在整个冬季，冷季型草坪位于上方，而休眠枯黄的暖季型草坪位于下方，形成合理的位差，在景观效果上完全呈现出冷季型草坪完整覆盖的景观，而休眠的暖季型草坪枯黄茎叶没有任何露出；

（4）春季3—6月是草种的转换期，随着气温的回升和暖季型草坪的返青，冷季型草坪需逐渐平顺地转换为暖季型草坪，在此草种转换期内，草坪质量没有明显的波动和下降，即：冷季型草坪的退出速度与暖季型草坪的返青和侵占速度完全匹配。

二、交播草坪的草种（品种）选择

暖季型草坪草种（品种）的选择

绝大多数暖季型草坪草种（品种）都能够用于交播，但需要考虑的是：暖季型草坪的休眠草茎在春季返青和侵占速度是否能够与冷季型草坪的退出相协调。可用于交播的暖季型草坪草种（品种）有：

（1）百慕大：Tifway 419、TifSport、Tifgreen、Tifdwarf、TifEagle 等品种；

（2）海滨雀稗：Salam、SeaIsle 1、Seaspray、Seadwarf、SeaIsle 2000、Platinum 等品种；

（3）假俭草：TifBlair、'平民'、'球道'等品种；

（4）结缕草：日本结缕草和马尼拉结缕草各品种。

由于日本结缕草和马尼拉结缕草春季的返青与生长速度比较慢，在与交播的冷季型草坪的竞争中完全处于劣势，非常容易造成结缕草无法正常返青的现象，在夏季冷季型草坪完全退出后，大部分结缕草已经退化，无法形成完整的草坪覆盖，严重影响夏季的草坪质量。因此，若结缕草用于交播，需采取除草剂干预草坪转换的特殊措施，来帮助春季草种的顺利转换。

冷季型草坪草种（品种）的选择

用于交播的冷季型草坪草种（品种）需满足以下条件：种籽出苗速度快，且整齐，能够在短期内迅速成坪（何云丽，2009）；草坪在冬季寒冷天气下能够保持很好的绿色景观效果；不耐热，在春季草坪转换期能够随气温的上升而逐步退出。

目前长江流域用于交播的冷季型草坪主要有：

（1）耐热性较差的一些多年生黑麦草品种（如：补播王、球童等）

优点：冬季绿色景观效果好；草坪质地细腻，品质高；病害少；可用于高尔夫球场球道和发球台、体育运动场、园林绿地等。

缺点：春季退出较慢，须通过高强度的低修剪和肥水控制措施才能实现草种的平顺转换。

（2）多年生黑麦草与一年生黑麦草的杂交种

优点：春季草种转换比多年生黑麦草容易。

缺点：草坪质地不如多年生黑麦草；草坪生长较快，冬季也需要较频繁的修剪；病害较多。

（3）一年生黑麦草（如：冬宝2）

优点：春季草种转换比多年生黑麦草容易。

缺点：草坪质地更差；草坪生长更快，冬季修剪频率要求更高; 病害较多。

(4) 粗茎早熟禾 (*Poa trivialis*) (如: 萨伯 4)

主要用于果岭草坪的交播。

(5) 高羊茅

少数体育运动场也采用高羊茅的一些品种来交播, 但与多年生黑麦草相比, 存在以下明显缺点: 冬季绿色景观效果较差; 草坪质地较差; 春季草种转换困难。

就目前的实践和研究而言, 交播多年生黑麦草的草坪综合评价最好 (Anderson & Dudeck, 1995)。

三、百慕大交播多年生黑麦草案例

交播时间的确定

草坪交播时间主要取决于以下因素:

(1) 暖季型草坪完全休眠的时间;

(2) 交播的冷季型草坪种籽播种、出苗、成坪所需的时间;

(3) 交播日期＋交播草种成坪所需天数≥暖季型草坪休眠日期。

例: 矮生百慕大交播多年生黑麦草, 矮生百慕大的休眠日期为 11 月 20 日, 黑麦草播种到完全成坪需要 30 天左右, 则交播的最迟时间应为 10 月 20 日。

要注意避免以下情况:

交播过早

矮生百慕大仍处于生长期, 在黑麦草种籽萌发生长过程中, 百慕大草茎也在向上生长, 两种草在秋季就形成了生长竞争关系, 导致百慕大与黑麦草草茎相间生长的格局。当冬季百慕大完全休眠后, 百慕大枯黄的茎叶露出草坪, 就会破坏冬季草坪的绿色景观。

交播过迟

多年生黑麦草在冬前生长不足, 无法完全成坪, 严重影响冬季草坪景观。

交播种籽量的确定

交播量直接影响交播草坪的成坪速度, 是交播草坪成败的重要因子。交播量太小, 冷季型草坪草的盖度很低, 冬季草坪质量差, 没有达到交播的目的。交播量太大, 加剧冷季型草坪草和暖季型草坪草之间的竞争, 造成来年冷季型草坪向暖季型草坪转换困难 (范安辉, 2012)。

交播量主要取决于以下因素:

(1) 交播种籽的发芽率;

(2) 冬季草坪完全覆盖所需的交播草坪密度;

(3) 秋季冷季型草坪的生长与分蘖数。

播种量 (g/m^2) = 草坪密度 (株 $/m^2$)× 千粒重 (g) ÷ 发芽率 (%) ÷1000

一般而言, 多年生黑麦草适宜的播种量为 20—30g/m^2。

交播种籽量太少, 效果不理想

交播前准备措施

　　为了使交播的冷季型草坪种籽能够顺利萌发并生长成坪, 需为种籽萌发和生长提供良好的条件, 然而, 由于已成坪的暖季型草坪茎叶密度过大, 交播的种籽会落在其茎叶上, 无法与下层的土壤接触, 导致种籽无法顺利萌发, 或者萌发后会因根系吸水困难而消亡。因此, 在交播前一般会采取疏草、划破草坪等措施来降低草坪的密度, 增加种籽与土壤的接触机会。

交播前低修剪

交播前疏草

直落式播种机有助于均匀播种

交播不均匀

交播质量的控制

(1) 播种精度的控制

与匍匐生长的暖季型草坪不同, 多年生黑麦草为丛生型生长习性, 在播种过程中必须播种均匀才能形成均匀覆盖的草坪。一旦漏播, 整个冬季漏播之处都会是无绿色草坪覆盖状态, 严重影响交播草坪的冬季质量。

(2) 播种后铺砂

由于播种的草籽大多数都会落在暖季型草坪的茎叶上, 为了促使草籽落入草隙中, 并与土壤形成紧密接触, 减少露籽, 提高萌发出苗率, 一般采用播种后铺砂、刮砂等措施, 将种籽刮进草隙中, 并埋入砂层。

交播草坪的秋季管理

(1) 灌溉

交播后每天浇水直至出苗, 保证土壤湿润, 否则, 出苗期的种籽会因干旱而死亡。

交播10天后，黑麦草种籽已全部萌发出苗

10天后，黑麦草种籽已全部萌发出苗。

（2）离乳期管理

种籽的胚乳中含有丰富的营养，可以满足种籽萌发、生根、生芽所需（异养阶段）。种籽根长出后，幼叶从胚芽鞘中长出，逐步建立自养体系。幼苗从异养到自养的转变期称为离乳期。

由于种籽内所存的营养有限，在其完全消耗之前，幼苗必须建立独立的自养能力：幼苗根系要能够吸收到充足的矿质营养，叶片要有充足的光合面积和能力合成有机营养。否则，幼苗仍会出现消亡现象。幼苗的1—3叶期是离乳的关键时期，离乳期自养能力建立越早，幼苗就越健壮！

离乳期施肥：促进幼苗尽快建立自养能力。

草坪修剪：在离乳期，草坪的修剪要以对幼苗自养系统建立没有负面影响为原则。另外，由于幼苗的根茎部生长点非常幼嫩，稍一用力就会出现抽出现象，因此，幼苗期修剪工具一定要非常锋利，避免幼苗根茎部受到拉力。

交播后35天左右，黑麦草已完全成坪。

交播后 35 天，黑麦草已成坪

交播草坪的春季转换

　　交播草坪春季是否能够实现草种的平顺转换是其管理的关键。许多失败的交播草坪都是由于春季黑麦草出现疯长,形成过于致密的草坪覆盖,抑制了下层暖季型草坪的返青;等到暖季型草坪休眠草茎中所储藏的养分因呼吸完全消耗殆尽后,草茎即失去了再萌发的能力,从而导致了暖季型草坪的退化。等高温季节来临,黑麦草完全消亡后,草坪出现严重斑秃现象,只留下非常稀疏的残留的暖季型草坪草茎。

疯长的黑麦草抑制了百慕大的萌发

5月底百慕大大批死亡,残存黑麦草

8月份黑麦草死亡后,残留稀疏百慕大

彭浦四季公园 4 月中旬低修剪草坪

如何避免黑麦草的春季疯长?

随着春季气温的回升, 黑麦草处于非常适合其生长的温度条件 (15℃—25℃), 非常容易出现疯长现象。此时, 必须严格控制黑麦草的生长势, 留出百慕大草茎返青的生长空间。

① 低修剪: 抑制黑麦草的过快生长。

② 控肥: 黑麦草对营养的需求远高于百慕大, 可通过控制营养水平来抑制黑麦草的长势, 促进百慕大的返青。

③ 控水: 黑麦草的耐旱能力远不如百慕大, 可通过控制水分来实现黑麦草的轻度干旱胁迫条件, 来抑制黑麦草的长势, 促进百慕大的返青 (钟华友等, 2004; 秦杰等, 2002)。

④ 疏草: 若黑麦草密度过大, 需通过疏草措施来打开百慕大返青的空间, 使百慕大休眠草茎上的芽能够照射到阳光, 萌发长出。

交播草坪平顺转换的阶段性指标

4月10日，草坪中百慕大的盖度比例须达到5%—10%，若低于此比例，则需要采取多次疏草作业，打开空间，促进下层百慕大草茎的返青。

5月10日，草坪中百慕大的盖度比例须达到35%—40%，若低于此比例，则需要采取多次疏草、打孔作业，打开空间，促进未萌发的百慕大草茎的尽快返青。

5月中旬后，90%以上的百慕大休眠茎都会因其储藏的养分耗尽而丧失再萌发能力。

6月10日，百慕大盖度比例须达到80%左右，这时即使黑麦草因高温来临而消亡，草坪质量也不会出现剧烈下降。

本章参考文献

马进，王小德，孟瑾. 过度地区休眠暖地型草坪草交播技术与展望 [J]. 四川草原，2003(4):32-34.

何云丽. 北京地区结缕草草坪交播技术的应用研究 [J]. 北京林业大学，2009.

Anderson S F,Dudeck A E. An evaluation of cool-season turfgrasses for overseeding fairway and putting green bermudagrass[J]. Proceeding Soil and CropScience of Florida,1995,54:5—11.

范安辉. 假俭草草坪用性状与关键养护技术的研究 [D]. 上海交通大学，2012.

钟华友，江海东，周震东，曹卫星. 冷季型草坪草冬季复播的研究进展 [J]. 草业科学，2004, 21(4) : 51-54.

秦杰，孙明，袁建康. 上海地区"矮生百慕大"草坪冬季补播技术 [J]. 上海农业科技，2002, (5) : 96.

第六章　草坪养护案例

　　上海地区冬季寒冷，夏季酷热，冷季型草坪和暖季型草坪草共存，如何合理选择草坪草种类对于上海城市四季常绿的绿化目标很重要。上海许多重要的园林绿地利用冷季型草坪草中黑麦草冬绿的特点，通过在杂交百慕大草坪上秋季追播黑麦草，弥补了百慕大草坪草冬季枯黄的不足，最终实现景观草坪的一年四季常绿，取得了良好的效果。在养护费用投入较少的或不要求草坪一年四季常绿的园林绿地上，因地制宜地选用暖季型草坪草，也能维持较好的草坪景观。

　　在本章中，将选取上海本土具有代表性的几个现实案例，即人民广场地区、静安雕塑公园、莘庄梅园、松江街头绿地的草坪养护实录，来展示实践应用的成果和经验。

一、观赏型草坪养护案例

人民广场草坪养护

人民广场位于上海市中心, 北靠上海市政府, 南临上海博物馆。由于其显要的位置, 对草坪的质量要求较高。其草坪为观赏型草坪, 为保证其一年四季常绿, 采用暖季型草种矮生百慕大交播多年生黑麦草。

浇水是草坪养护中最重要的措施, 浇水的时间、频率、数量没有统一标准, 通常是表土层干至 3cm 左右就需要浇水, 一次浇透, 至少浇湿土层 30cm 以上。

修剪高度为 1.5—2.5cm, 修剪严格按照 "三分之一" 原则进

人民广场冬季交播草坪景观

人民广场春季玉兰景观

人民广场初夏草坪景观

行，即草高达到 2.3—3.8cm 时就进行修剪。根据草坪生长速度的快慢，生长季节，大致 3—5 天修剪一次；非生长季节，10—15 天修剪一次。剪下的草屑及时清理，以免滋生病害。

为了保证草坪生长均匀一致，需要定期施肥，根据矮生百慕大的生长特性，一般在生长季每隔 10—15 天施一次肥，每次施复合肥 $10g/m^2$，尿素 $5g/m^2$，施肥安排在修剪后进行。施肥后先浇一次水（约 5 分钟），30 分钟后再浇第二遍水，使肥料充分溶解。这样不仅可以防止肥料灼伤草坪草的茎叶，而且利于草坪草吸收营养。

虫害以斜纹夜蛾、黏虫、草地螟、水稻切叶螟为主，通过喷施辛硫磷、灭幼脲、苏云金杆菌等杀虫剂来防治。杂草主要是莎草科香附子，还有少量稗草、马唐、牛筋草。杂草主要采用人工拔除, 对于香附子, 要挖开草皮, 清除其地下球茎。另外结合强刈割来逐渐消灭杂草危害。

矮生百慕大草坪容易形成枯草层, 在修剪后影响美观, 通过及时覆砂来盖住枯草层, 同时有利于根系匍匐茎生长, 还可以使凹凸不平的坪床表面变得平整。覆砂要用筛过的细砂, 以免在修剪时砂中的石子损伤刀片。小面积草坪用人工撒砂, 若砂子潮湿, 待其晾干后用板刷 (长 2 m 、宽 1m 的木板上钉上菱形毛刷) 将黄砂刷进草丛中。

如果土壤板结, 水分和养分将难以到达根系。营养不充分, 影响根系健康, 对草坪生长十分不利。可通过打孔来解决这个问题: 打孔直径 2cm, 深度 6cm, 孔距 11cm×18cm, 注意不要在土壤太干和太湿的时候作业。如果土壤紧实程度严重, 可采取数个方向交叉进行操作。

一般每年在 10 月 10 日左右交播多年生黑麦草。此时播种, 黑麦草幼苗避开了切叶螟幼虫的危害, 另一方面, 通过一个多月生长, 草坪绿色期与矮生百慕大的枯黄期正好相衔接。播种量以 20g/ ㎡为佳。

具体交播步骤如下:

(1) 湿润坪床。准备交播的前两天, 进行轻度浇水, 使坪床湿润, 切忌土壤太湿或太干, 目的是为将要播下的种籽准备良好的坪床。

(2) 修剪草坪。用剪草机的最低档来修剪, 如果这样收草困难, 就取下集草袋。全部剪完后, 再来收草屑。

(3) 播种。用手推播种机或手摇播种机来播种, 在使用手推播种机时, 要注意重叠, 保证播种均匀。播种面积较大时, 要将种籽分为两半, 采取垂直交叉播种。播种后可用竹竿在草坪上来回刮几遍, 使种籽能够落到坪床上, 以便吸收水分, 顺利出苗。

(4) 浇水。每天浇水, 直至出苗, 保证土壤湿润, 否则, 出苗期的种籽会因干旱而死亡。

(5) 修剪。第一次修剪在黑麦草长到 8cm 左右时进行。留茬高度 4—6cm。

黑麦草越冬期间生长缓慢，同时矮生百慕大处于休眠状态，两者不存在竞争养分、光照等矛盾。此时剪草可间隔 30 天一次，从 2 月开始，两者矛盾日益加剧，剪草间隔为 15 天，逐步缩减到 10 天。在 3、4 月份黑麦草高生长期间，剪草间隔要缩短到 4 天，甚至更短，且剪草高度逐步降低到 1cm，这样的修剪对黑麦草损伤很大，而对于矮生百慕大却极为有利，它可以得到更多的养分、光照，加速返青，同时也可配合修剪，喷施生长调节剂来抑制黑麦草的生长。

若要保持较好的草坪质量，首先对草坪养护管理机械要求较高；其次，草坪管理者要拥有扎实的专业知识、丰富的实践经验。交播的技术关键在于 4—6 月对冷季型草生长的控制及暖季型草生长的促进。

静安雕塑公园草坪养护

静安雕塑公园占地 6.5 万平方米。草坪基本覆盖公园内所有绿化用地，特别在主干道两侧、台地园、白玉兰区域、梅园、七彩花带等重点景观区，是公园管养的重点。园内草坪总铺设面积约 2.2 万余平方米，占公园总面积的三分之一，草种均为矮生百慕大交播多年生黑麦草，为观赏型草坪。草坪养护一直是"精细化养护"的重中之重。日常管养中禁止成年游客踩踏，但出于人性化角度考虑，有幼儿上草坪短暂停留，通常不予劝阻管理。

具体修剪频率与草坪长势有关。园内草坪春夏时节，一般 4—6 天修剪一次，9 月至 10 月逐步降低剪草高度，为交播多年生黑麦草做准备。10 月上旬交播多年生黑麦草，交播前，将草

静安雕塑公园草坪春季景观

坪低修剪，留茬 8—10mm，补播多年生黑麦草种籽，播种量约
25g/m²，播种后覆砂约 10mm。交播后等黑麦草长至 8cm 左
右时恢复剪草。冬季气温低，黑麦草生长缓慢，草坪修剪频率下
降，每两周修剪一次。使用手扶式剪草机修剪时，应采用交替式
行走。一般来说走过两个交替之后要对刀片进行清理或更换刀
片，定期保养割草机、及时更换刀片，可有效降低草坪损伤率。

　　根据降雨情况酌情浇水，不干不浇，浇则浇透，浇透根系
30cm 左右深的土壤。生长季节，通常在早晨浇水，尽量避免傍
晚浇水；因为傍晚浇水使草坪整夜处于潮湿状态下，病原菌生
命活动旺盛，容易引发病害。春末夏初，为抑制黑麦草的生长势，
促进百慕大生长，通过减少浇水频率，进行适当控水。交播后第

草坪喷灌浇水

一周，每天浇水 3—4 次，保持土壤水分湿润直至出苗。出苗后根据根系生长情况，逐渐降低灌溉次数。

施肥过程中对肥料种类、施肥量有着较高的要求，多了容易烧苗，少了起不到效果。园内草坪主要以动物肥或菜籽饼作为基肥，尿素或复合肥按比例兑水作为追肥，草坪生长不良或发黄时及时施肥，施肥量和施肥频率主要通过观察草坪生长势来确定：一般冬春季节不施肥，夏季每 15 天施一次肥，秋季每 30 天施一次肥，每次施肥量约 2—3gN/m²。

病虫害防治主要以防为主，以治为辅。不能在病虫害已经发生的情况下去"不断打药"。园内草坪主要病虫害有斜纹夜蛾、蘑菇、黏菌病等。夏季 7 月至 9 月是斜纹夜蛾的高发期，雕塑公园在 6 月中旬开始监测斜纹夜蛾状况，7 月开始加强巡视，一旦发现有危害，及时用灭幼脲 3 号 1:2000 稀释进行防治。针对黏菌病或草坪蘑菇，使用常规杀菌剂进行防治。使用药物防治时，切不可过浓配比药物，容易产生药害，一旦产生药害，草坪恢复将很困难。药害严重时，只有通过重新铺设草皮来解决。

雕塑公园杂草防治主要通过人工挑除及药物防治"双管齐下"，主要使用使它隆防治阔叶杂草，使用二甲戊乐灵、二氯喹啉酸防治禾本科杂草，使用啶嘧磺隆防治莎草科杂草，对于局部少量杂草主要通过人工进行挑除。人工挑除杂草工作最佳时间在冬季，冬季杂草的控制程度直接影响草坪春天的景观面貌。

雕塑公园草坪基本不打孔。现园内草坪性状及观赏效果较佳，日常养护中，需时刻监测草坪长势，以便更好地养护草坪，确保草坪最佳的景观效果。

夏季人工拔草

二、开放型草坪养护案例

莘庄梅园马尼拉结缕草草坪养护

莘庄梅园位于闵行区莘庄立交与 S4 沪金高速交会处，面积约 150 亩。公园以梅花为特色，通过挖湖堆山，形成了疏影湖、暗香亭、梅花栽培园、梅苑、鹤放榭、雨水花园实验区等主要景点。园内草坪总面积约 3 万多平方米，草种主要以百慕大、百慕大交播黑麦草、马尼拉结缕草为主。

在此介绍其中一块马尼拉结缕草草坪的日常养护概况。该块草坪面积约 2000m^2，位于公园中心，靠近主园路，草坪中散点分布大规格梅花。在周末和节假日，许多游人喜欢在这块草坪

春季草坪景观

秋季草坪景观

夏季草评景观

树穴周边用割灌机修剪

冬季草坪景观

上搭设帐篷，嬉戏玩耍；工作日则游憩人员较少。据工作负责人介绍，草坪生长季节未发生踩踏严重的现象。在冬季，游人会将草坪地上干枯的部分踩断，仅剩裸露的土壤；来年春季，地下根茎再次萌发，又形成了草坪。由于马尼拉结缕草有一定的耐荫性，因此，散点分布的梅花并没有影响到马尼拉结缕草对光照的需求。

　　马尼拉结缕草草坪较耐粗放管理，养护成本较低。一年仅修剪5—7次：春末，草坪刚开始返青时，剪草1次；夏秋季，视草坪生长情况修剪5—6次；冬季，草坪生长停滞，逐渐进入休眠，不用修剪。修剪后，应及时将草屑收走，以免滋生病害。马尼拉结缕草较耐干旱，极少浇水，浇水视天气情况而定，不干不浇，采用人工方式浇水，每次灌水灌透根层30cm深的土壤。夏季中午不能浇水，浇水一般安排在上午10点前、下午4点后。春季和秋季各施一次复合肥，春季施肥促进返青，秋季施肥确保其更好地越冬，施肥量约$20g/m^2$，其余时节不再施肥。马尼拉结缕草病虫害很少发生，基本不给草坪打防治病虫害的药。该草坪比较致密，杂草很少，少量的香附子用三氟啶磺隆防治，少量的阔叶杂草人工拔除。草坪基本不打孔。对于不平整的地方，会经常铺很薄的细砂，使场地逐渐平整。

松江街头绿地百慕大草坪养护

　　松江街头绿地有很多百慕大草坪，养护相对粗放，景观质量尚可，主要起观赏作用，偶尔有少量游人进入踩踏，但不影响草坪的生长。

松江文翔路三新北路西南

松江人民路东侧绿地草坪夏季景观

松江古墩绿地深秋草坪景观

草坪高度约8—10cm。春末,草坪刚开始返青时,修剪一次,剪去上层的枯草,促进草坪返青。冬季,草坪休眠,不用修剪。夏季草坪生长速度很快,一般每周修剪一次。其余时节,每两周修剪一次。春季和秋季各施一次复合肥,施肥量 $20-25g/m^2$,施肥时一定要注意把肥料撒均匀,以保持草坪生长均一性。浇水视降雨情况而定,不干不浇,每次灌水灌透根层30cm深的土壤。

草坪会发生死斑病,要及时预防,春季可使用必菌鲨、多菌灵等常规杀菌剂进行预防。死斑病发生时,可使用喷克菌、阿米西达、醚菌酯等进行防治。草坪上发生的虫害比较多,主要有蝼蛄、蛴螬、夜蛾类食叶性幼虫。夜蛾类食叶性害虫可用高效氟氯氰菊酯、阿维菌素、甲维盐等杀虫剂进行防治。蝼蛄、蛴螬等需要在害虫在草坪根部取食时用杀虫剂灌根的方法来防治,常用的杀虫剂有:吡虫啉、联苯菊脂、氟虫腈、噻虫胺、敌百虫等。夏季和冬季做好除草工作,杂草主要采用百慕大专用除草剂防治,结合人工拔除。

附 录

附录 A 上海地区常见草坪虫害

害虫名称	学名	寄主	发生时间	发生程度
斜纹夜蛾	*Spodoptera litura*（Fabricius）	高羊茅 结缕草	6—9月	+++
淡剑夜蛾	*Spodoptera depravata*（Butler）	百慕大 高羊茅	5—10月	+++
蛴螬	暗黑鳃金龟 *Holotrichia parallela* Motschulsky 铜绿丽金龟 *Anomala corpulenta* Motschulsky 大黑鳃金龟 *Holotrichia oblita*（Faldermann） 黑绒鳃金龟 *Maladera orientalis*（Motschulsky）	各种草坪	全年	++
象甲	*Sphenophorus* spp.	各种草坪	全年	+
东方蝼蛄	*Gryllotalpa orientalis* Burmeister	百慕大	5—9月	+
拟茎草螟	*Parapediasia teterrella*（Zincken）	结缕草	5—9月	++
蔗茎禾草螟	*Chilo sacchariphagus*（Bojer）	各种草坪	偶发	+
黏虫	*Mythimna separata*（Walker）	各种草坪	4—9月	+
小地老虎	*Agrotis ipsilon*（Hufnagel）	各种草坪	4—9月	+
银纹夜蛾	*Ctenoplusia agnata*（Staudinger）	各种草坪	5—9月	+
青革土蝽	*Macroscytus subaeneus*（Dallas）	禾本科	偶发	+

注：＋表示轻度发生；++ 表示中度发生；+++ 表示严重发生

附录 B　上海地区常见草坪病害

病害名称	主要致病病原菌	主要症状	主要危害草坪种类	发生时间	发生程度
褐斑病	立枯丝核菌 *Rhizoctonia solani*	发病初期,感病叶片呈水渍状,自顶部向下枯萎,大面积发病会出现褐色的"烟圈"状枯草斑	多年生黑麦草 高羊茅 草地早熟禾 百慕大 结缕草 匍匐剪股颖	5—10月	+++
黏菌	煤绒菌属 *Fuligo* spp. 复囊钙皮菌属 *Mucilago* spp. 绒泡菌属 *Physarum* spp. 钙皮菌属 *Didymium* spp.	草坪冠层上突然出现环形至不规则形状的白色、灰白色或紫褐色犹如泡沫似的斑块	多年生黑麦草 高羊茅 百慕大	5—8月	+
锈病	柄锈菌属 *Puccinia* spp. 单胞锈菌属 *Uromyces* spp.	发病初期的叶片表面出现浅黄色小斑点,后期发展为褐锈色夏孢子	草地早熟禾 多年生黑麦草 结缕草 高羊茅 百慕大	5—9月	+++
币斑病	核盘菌属 *Clarireedia* spp.	发病初期叶片出现水渍状退绿斑,后期病斑呈红褐色,叶尖枯萎	海滨雀稗 百慕大 结缕草 多年生黑麦草	5—6月 9—10月	+++
腐霉病	腐霉属 *Pythium* spp.	叶片呈水渍状,有油腻感,植株倒伏枯死	所有草坪草	6—9月	+++
仙环病	马勃属 *Lycoperdon* spp.	发病初期草坪呈现深绿色茂盛生长的草坪环,随后环内会生长出大量的蘑菇,后期草坪死亡,出现坏死的环带	所有草坪草	5—10月	++
春季死斑病	盘蛇孢 *Ophiosphaerella herpotricha* 纳尔玛氏菌 *Ophiosphaerella narmari* 大头孢菌 *Ophiosphaerella korrae*	草坪上出现圆形或环形枯死斑,多年重复发生,两三年后,枯草斑块呈现蛙眼状坏斑	百慕大	9—4月	++

注: + 表示轻度发生; ++ 表示中度发生; +++ 表示严重发生

附录 C 草坪病虫害防治技术

技术类别	技术措施	防控对象	防控要点及应用时间
理化诱控	频振式杀虫灯	金龟子、夜蛾类	灯光诱捕；5—10月
	性信息素	夜蛾类	信息素诱捕；6—10月
生物防治	天敌线虫	夜蛾类、蛴螬	生物防治；7—9月
	白僵菌	金龟子	生物防治；5—9月
	绿僵菌	金龟子	生物防治；5—9月
科学用药	25%噻虫嗪	蛴螬	喷施或浇灌；6—7月
	30%茚虫威	东方蝼蛄	傍晚喷施，喷施后浇水6分钟；6—7月
	20%啶虫脒	金龟子	喷施；5—7月
	25%灭幼脲	斜纹夜蛾、淡剑夜蛾	喷施；6—9月
	1.2%烟参碱	斜纹夜蛾、淡剑夜蛾	喷施；6—9月
	1%甲维盐	斜纹夜蛾、淡剑夜蛾	喷施；6—9月
	苏云金杆菌	斜纹夜蛾、淡剑夜蛾	喷施；6—9月
	短稳杆菌	斜纹夜蛾、淡剑夜蛾	喷施；6—9月
	24%虫螨腈	斜纹夜蛾、淡剑夜蛾	喷施；6—9月
	1%联苯·噻虫胺	蛴螬、东方蝼蛄	颗粒剂撒施；4—9月
	3%噻虫啉	金龟子	喷施；5—7月
	80%代森锰锌	真菌病害	喷施；5—9月
	30%吡唑醚菌酯	真菌病害	喷施；5—9月
	32.5%苯甲·嘧菌酯	真菌病害	喷施；5—9月

阳光下的草坪

作者简介

徐佩贤

上海市绿化管理指导站高级工程师,注册标准化高级工程师,上海市园林绿化标委会委员,上海交通大学园艺学博士,研究方向为草坪草耐受重金属胁迫机制。主要从事园林植物栽植、养护管理及相关标准化研究工作。主持或参与上海市科委、住建委、市绿化市容局多项课题研究;作为主要起草人,参与起草多项国家标准和上海市地方标准。

石杨

上海市绿化管理指导站副站长,长期从事绿化建设养护管理和实用技术研究与推广工作,重点推进上海市口袋公园、绿道等市政府实事工程建设,推进林荫道、花道、绿化特色道路等创建工作。主持或参与国家林草局及地方行业科研攻关项目十多项;作为主要起草人,参与编写《园林绿化养护标准》《行道树栽植与养护技术标准》等多项行业标准。多次荣获上海市重大工程立功竞赛先进个人、生态环境保护先进个人等荣誉。